中華文化基本叢書

白巍　戴和冰　主編

08

CHINESE GARDENS

中國園林

杜道明　著

天地一園

# 總　序

　　時下介紹傳統文化的書籍實在很多，大約都是希望通過自己的妙筆讓下一代知道過去，了解傳統；希望啓發人們在紛繁的現代生活中尋找智慧，安頓心靈。學者們能放下身段，走到文化普及的行列裏，是件好事。《中華文化基本叢書》書系的作者正是這樣一批學養有素的專家。他們整理體現中華民族文化精髓諸多方面，取材適切，去除文字的艱澀，深入淺出，使之通俗易懂；打破了以往寫史、寫教科書的方式，從中國漢字、戲曲、音樂、繪畫、園林、建築、曲藝、醫藥、傳統工藝、武術、服飾、節氣、神話、玉器、青銅器、書法、文學、科技等內容龐雜、博大精美、有深厚底蘊的中國傳統文化中擷取一個個閃閃的光點，關照承繼關係，尤其注重其在現實生活中的生命性，娓娓道來。一張張承載著歷史的精美圖片與流暢的文字相呼應，直觀、具體、形象，把僵硬久遠的過去拉到我們眼前。本書系可說是老少皆宜，每位讀者從中都會有所收穫。閱讀本是件美事，讀而能靜，靜而能思，思而能智，賞心悅目，何樂不爲？

　　文化是一個民族的血脈和靈魂，是人民的精神家園。文化是一個民族得以不斷創新、永續發展的動力。在人類發展的歷史中，中華民族的文明是唯一一個連續五千餘年而從未中斷的古老文明。在漫長的歷史進程中，中華民族勤勞善良，不屈不撓，勇於探索；崇尚自然，感受自然，認識自

然，與自然和諧相處；在平凡的生活中，積極進取，樂觀向上，善待生命；樂於包容，不排斥外來文化，善於吸收、借鑒、改造，使其與本民族文化相融合，兼容並蓄。她的智慧，她的創造力，是世界文明進步史的一部分。在今天，她更以前所未有的新面貌，充滿朝氣、充滿活力地向前邁進，追求和平，追求幸福，勇擔責任，充滿愛心，顯現出中華民族一直以來的達觀、平和、愛人、愛天地萬物的優秀傳統。

　　什麼是傳統？傳統就是活著的文化。中國的傳統文化在數千年的歷史中產生、演變，發展到今天，現代人理應薪火相傳，不斷注入新的生命力，將其延續下去。在實踐中前行，在前行中創造歷史。厚德載物，自強不息。是為序。

湯一介

# 序

## 思古說今話園林

如果你到過中國的首都、歷史文化名城北京，看過故宮、北海、頤和園、圓明園等輝煌的皇家宮苑，一定會被那恢宏的氣勢、壯麗的屋宇和迷人的景色所傾倒；如果你到過被譽爲「東方威尼斯」的南方名城蘇州，欣賞過那「甲江南」的姑蘇庭院，也一定會被那秀麗典雅的園景所陶醉；如果你曾信步「深山藏古刹」的宗教聖地，那古色古香的殿堂，山清水秀的風景，也一定會感到心曠神怡，超凡脫俗。這些風格迥異、令人流連忘返的人間仙境，就是園林。

中國有句俗話：「上有天堂，下有蘇杭。」這在某種程度上是因爲蘇州有眾多巧奪天工的園林，而杭州則擁有風姿綽約的西湖。天堂是人們想像中的園林，園林則是人世間的天堂。翻閱《舊約》全書、《古蘭經》和佛教經典便可知道，世界三大宗教所描述的樂園、天國、極樂世界，其情景幾乎完全一致，都少不了花木、果實、河流、池沼，或者再加上堂皇的樓台、明麗的道路……這正是一座園林的基本構成內容。無論中西，園林都是供人玩賞的藝術空間，是眞、善、美三位一體的自然與人工參半的活

動天地。因此，園林堪稱人們理想生活的場所，雖然不能在這人造天堂裏長生不老，或進入涅槃境界，但畢竟可以使人享受到現世的歡樂和精神的昇華。

中國是一個擁有五千多年文明史的國度，光輝燦爛的古代文化孕育出了豐富多彩的民族藝術，而園林藝術可以說是這藝術寶庫中一顆璀璨的明珠，在世界園林史上都享有盛名。

中國園林的起源與神話傳說有密切的關係。崑崙山是中國古代傳說中最早的神仙世界，上有宮殿園囿、奇花異草和珍禽異獸。據《山海經》、《水經注》記載，崑崙山可以通達天庭，人如果登臨山頂便可長生不老。因此崑崙山便成為先民們心馳神往的聖地，歷代帝王更是對它頂禮膜拜，為了更加接近神靈，求得庇護，得到恩典，紛紛壘土築台。不僅是崑崙山，其他各地也受到神話傳說的影響，紛紛築台。據文獻記載，夏啓曾在禹縣建築鈞台，商紂曾在淇縣修築鹿台。台是早期宮苑建築物，當它結合綠化種植而形成以它為中心的空間環境時，園林的雛形便開始出現。最早的園林是周文王時建造的靈囿，這是中國園林最初的形式，也是中國園林疊山、理水的濫觴。春秋時期的造園利用人工池沼、園林建築和花草樹木等手法，已經有了相當高的水準。戰國時期，齊威王、燕昭王都曾派人入渤海尋求傳說中的海上仙山──蓬萊、方丈、瀛洲。雖然這種海島仙山在現實中根本不存在，但對園林佈局來說卻是一種良好的形式，並始終受到歷代造園家的喜愛，沿用不衰。

秦始皇統一全國後，曾在咸陽挖長池，引渭水，修建上林苑。漢武帝在此基礎上繼續擴大，建築宮殿，豢養動物，栽培各地的名果奇樹多達三千餘種，應該說是真正意義上的中國園林了。到了東漢，除了有相當規模的帝王宮苑之外，還有了私家園林。大將軍梁冀「廣開園囿，採土築山」，這土築的山是對真實的崤山的模仿，並達到了逼近自然的程度。

魏晉六朝時期是中國古代園林史上的一個重要轉折期。在選址上不再遠離都城，而是建於城市近郊或城內；空間範圍明顯縮小，不再動輒上百里；人工景觀的創作也不再是各地名山大川的直接模仿，而是典型化的再現。當時的富豪紛紛建造私家園林，如西晉石崇的金谷園，已經從寫實到寫意，把自然風景濃縮於園林之中。

　　隋煬帝在洛陽興建的西苑，是繼漢武帝上林苑之後最豪華壯麗的一座皇家園林。唐代前期，高官貴族僅在洛陽一地建造的私家園林就達一千多處，可見當時園林發展的盛況。唐朝文人、畫家以風雅高潔自居，大多自建園林，並將詩情畫意體現在園林之中：說園林是詩，但它是立體的詩；說園林是畫，但它是流動的畫。著名詩人王維、白居易等都是這方面的代表人物。

　　宋代的造園活動由單純的山居別業轉而在城市中營造城市山林，因此大量的人工水，疊造假山，成爲宋代造園活動的重要特點。北宋的寫意山水園壽山艮岳是中國園林史上的一大創舉，它不僅有全用太湖石疊砌而成的最大的假山，更有眾多反映中國山水特色的景點。

　　元代由於山水畫的創新，對有立體山水畫之稱的園林藝術產生了影響。元末，一大批文人畫家參與造園，促進了詩、畫、園的有機融合，也完成了園林從寫實到寫意的轉變。

　　明、清兩代是中國園林創作的高峰期。明代造園的主要成就在江南的私家園林，如滄浪亭、留園、拙政園、寄暢園等。清代康熙、乾隆時期是皇家園林建築的活躍期，圓明園、避暑山莊、暢春園等皆是修建於此時。清代園林的一個重要特點是，大園不但模仿自然山水，而且還模仿各地名勝，形成園中有園、大園套小園的風格。如避暑山莊中的金山亭模仿鎮江金山寺，煙雨樓模仿嘉興煙雨樓，文園獅子林模仿蘇州獅子林，頤和園中又有模仿無錫寄暢園的諧趣園等。

中國地域遼闊，各地氣候和地理條件各不相同，因而園林也常常表現出明顯的地方特色，有所謂北方園林、江南園林、嶺南園林和蜀中園林等。一般說來，北方園林顯得氣勢恢宏，江南園林比較典雅秀麗，嶺南園林透出絢麗纖巧，蜀中園林則更爲樸素淡雅。

從類型來分，中國園林大體可以分爲皇家園林、私家園林、寺廟園林三大類，此外還有自然風景園林、陵墓園林、衙署園林、祠堂園林、書院園林、公共園林等。其中皇家園林歷史最爲悠久，主要集中在中國北方，保存到今天的既有北京故宮的御花園這樣的小巧之作，又有頤和園和避暑山莊那樣的大規模園林；私家園林主要是文人園林，江南地區較爲集中，雖無皇家園林那種宏大壯麗、攝人心魄的美景，卻也別有韻味，令人遐思、流連；寺廟園林幾乎遍佈中國的大小名山，多數是寺廟融入山水風景之中，也有的在寺廟內建有若干小園林，供香客遊人欣賞，如杭州靈隱寺。還有的寺廟擁有附屬的獨立花園，如上海的龍華寺等。

總的來看，中國園林是薈萃了中國各種文化因素的一種藝術，它不僅體現了中國人傳統的哲學思想和審美趣味，而且有著獨特的造園技藝。所有這些，在與西方園林、日本園林和伊斯蘭園林的比較中也許會看得更加清楚。

下面，就讓我們對中國園林藝術作一番巡禮吧！

目　錄

1　以小見大──漫話中國園林

象天法地 ...3

壺中天地 ...12

文化薈萃 ...18

2　爭奇鬥勝──中國園林的種類

氣勢恢宏的皇家園林 ...27

小巧玲瓏的私家園林 ...36

古色古香的寺廟園林 ...46

3　巧奪天工──中國園林四大造園要素

疊山 ...59

理水 ...66

建築 ...76

花木 ...88

**4** 天人合一——哲學思想在中國園林中的體現

儒家思想與中國園林 ...97

道家思想與中國園林 ...106

佛教思想與中國園林 ...113

**5** 引人入勝——中國園林審美

園名、對聯的美學意蘊 ...121

中國園林的審美意境 ...126

動態之美 ...138

**6** 各擅其美——中外園林之比較

中西園林之比較 ...149

中日園林之比較 ...163

中伊園林之比較 ...176

參考文獻

天地一園
中國園林

**1**

以小見大
——漫話中國園林

## ▌象天法地

中國園林最本質的特點便是以小見大，即以有限的規模表現無限的內容。中國園林是薈萃了中國文化精華的一門藝術，不僅模仿客觀存在的自然山水「象天法地」，還將時空濃縮於一園之內。

中國先民基於萬物有靈的原始自然觀，往往把日月星辰、風雨雷電乃至名山大川等自然現象作為某種超自然的力量加以崇拜。夏、商、周三代以後，更發展為對於至上神「天帝」的崇拜，認為神祕的天帝掌握著整個神靈世界，他在天界的住所便成為中國園林象天的對象。歷代皇家園林往往以天帝所住的天宮為藍本，如頤和園排雲殿下排雲門前牌樓題額「星拱瑤樞」(圖 1-1)，即眾星拱衛著北極星。頤和園中昆明湖表現的是「一池三島」的神仙境界。岸西原有一組建築群象徵農桑，代表織女；隔岸銅牛 (圖 1-2)則代表的是牛郎，神話中的牛郎織女是被天河所阻隔，那麼昆明湖作為銀河的寓意就十分清楚了。南湖島涵虛堂的前身是三層的望蟾閣，月亮稱為「蟾宮」，是月宮仙境的象徵。南湖島的龍王廟與南面水中的鳳凰墩 (圖 1-3)則象徵龍與鳳。

圖 1-1　頤和園排雲殿下排雲門前牌樓上代表眾星拱衛北極星的題額
（張慶民／攝）

這不僅象徵著人間萬民擁戴帝王，顯示了目空一切、籠蓋四野乃至超
越宇宙的皇家氣派，而且意味著天地相參，地上的園林對應著天象，
體現了天人合一的民族觀念。

圖 1-2　頤和園昆明湖東岸象徵牛郎的
銅牛（劉朔／攝）

乾隆皇帝把自己比作天上的玉皇大
帝，把昆明湖比作天河，所以在天河
兩側設有牛郎和織女。昆明湖東岸設
置了「牛郎」，昆明湖西側有「織耕圖」，
以此象徵「織女」。

圖 1-3　頤和園中與南湖島龍王廟遙相
呼應的鳳凰墩（磊鳴／攝）

在封建時代，龍是皇權的象徵，皇帝
又稱為真龍天子；鳳凰則代表皇后，
皇后戴的帽子就稱為鳳冠。龍和鳳對
應則為龍鳳呈祥，由此可見龍王廟與
鳳凰墩設計者的良苦用心。

　　中國園林常常是園主人的精神寄託之所在，因此，園林要象徵整個宇宙及萬物，宇宙萬物要在園林中得以體現，於是園林便成為某種「微觀宇宙」。我們知道，上圓下方是中華民族天圓地方宇宙觀的體現，如銅錢的外圓內方就代表了整個天地都被它囊括其中。北京天壇公園有九座壇門，每座門上都有三個上圓下方的洞口（圖 1-4），這意味著天壇僅僅一座壇門，就將偌大的天地承載其中了。

　　中國園林屬於寫意自然山水型，是對客觀存在的自然界山水進行模仿，經藝術提煉，在有限範圍內「移天縮地」，使人步入其中，就彷彿走進了大自然。另一方面，中國園林滋生於中國文化的沃土之中，深受繪畫、詩歌等藝術形式的影響，許多園林都是在文人、畫家的直接參與下經營的，這就使中國園林從一開始便帶有詩情畫意。中國藝術的核心奧祕恰恰就在於象天法地，比如對空靈的創造與利用，作畫要上下空闊，四面疏通，其中的大幅空白可以是天地蒼茫，也可以是煙波浩渺，一任欣賞者心遊其間。這些空白不僅僅在形式上構成有無、疏密的對比，更是鑒賞者馳騁審美想像的廣闊空間。有了空靈，就能使園林空間突破實體的局限，具有無限的蘊含量。比如園林中通天接地、引風生香的最佳空間，就是水面所營造出的空間。因為碧波本身就顯得空闊，天地生機，氣象萬千，遂由此而生，狹小的園林頓時給人一種空闊遼遠之感。

　　中國有著遼闊的國土，山山水水，瑰麗多姿，可謂無山不秀，有水皆

圖 1-4　天壇的壇門（自由 / 攝）

門洞呈上圓下方狀，是天圓地方的形象體現。中國古人把茫茫宇宙稱為「天」，而把田土稱為「地」。天體總是在運動，好似一個圓周無始無終；而大地卻靜靜地承載萬物，恰如一個方形的物體靜止穩定，於是「天圓地方」的概念便由此產生。

圖 1-5　頤和園昆明湖，遠處是萬壽山佛香
閣（陸建華／攝）

北京頤和園的山水、建築和植被，模仿自
然而又高於自然。它是中國園林利用自然
山水，本於自然而又高於自然，集自然景
觀和人文景觀於一體，實現建築美與自然
美融爲一體的成功範例。

麗。美好的自然風光，爲園林建設提供了取之不盡的素材。但中國園林的

特點是把人工美與自然美巧妙地結合起來，從而達到引人入勝的美好境界。

因此，造園並非單純地模仿自然，再現原物，而是要師法自然，高於自然。所謂師法自然，在造園藝術上包含兩層內容：一是總體佈局、組合要合乎自然；山與水的關係以及假山的峰、澗、坡、洞等各種景象的組合，要符合自然界山水生成的客觀規律。二是每個山水景象的組合也要合乎客觀實際。如假山峰巒是用小的石料拼疊而成的，疊砌時就要求認真仿照天然岩石的紋脈，儘量減少人工拼疊的痕跡。挖池堆山，常做自然曲折、高低起伏狀。花木佈置，務求疏密相間，喬、灌木錯雜紛呈，力求天然野趣。所謂高於自然，就是因地制宜，取詩的意境作為造園的依據，取山水畫作為造景的藍圖，把大自然中的佳境去粗取精後，「聚名山大川鮮草於一室」，使人足不出戶即可飽覽大自然的無限風情。

北京的頤和園原本只是一座荒山，到了明代，人們開始在這裏種植水稻和菱、蓮等水生植物，為這座荒山增添了一些綠意和水景，有了點兒江南水鄉的樣子。為此，有人把這裏比作杭州西湖。到了清代，乾隆皇帝看上了這一帶的自然山水，於是擴湖堆山，開始建園。經過造園家的巧妙安排，原來淳樸自然的山水，逐漸成為峰巒疊翠、碧波蕩漾、佈局完美、妙景橫生的皇家園林（圖 1-5）。

江南園林也是順應了江南水鄉的自然條件，佈局靈活，變化巧妙。例如蘇州的拙政園（圖 1-6），全園有 3/5 的水面，造園者因地制宜，在開闊的水面上，或佈置小島，或架設小橋，打破了單調的氣氛，形成了深遠的氛圍。不同樣式的建築物，造型力求輕盈活潑。在遠香堂對面綠葉掩映的土山上，竹樹掩映，濃蔭如蓋，岸邊散植藤蔓灌木，更增加了江南水鄉的氣息。經過造園家的巧妙佈置，這一帶原來的一片窪地便形成了池水環抱的美景。這一切都說明，中國園林確實是象天法地的綜合藝術品，雖經人工創造，卻巧奪天工，不露斧鑿痕跡，真可謂「雖由人作，宛自天開」了。

圖 1-6　蘇州拙政園局部（聶鳴／攝）

蘇州拙政園是江南園林的代表，中國四大
名園之一，也是蘇州園林中面積最大的古
典山水園林。它始建於明朝正德年間，是
全國重點文物保護單位，1997 年被聯合國
教科文組織列爲世界文化遺產。

## ▌壺中天地

　　陳從周先生在《說園》一書中指出：「園之佳者如詩之絕句，詞之小令，皆以少勝多，有不盡之意，寥寥幾句，弦外之音猶繞梁間。」不過，中國園林既不是詩詞，也不是音樂，它是由建築、山水、花木、文化符號等組合而成的一種綜合性藝術，有著詩一樣的雋永，畫一般的迷人。雖空間有限，卻能以小見大，美不勝收，以至於「寸草有致，片石生情」；雖半畝方塘，卻追求天光雲影之意境，極富詩情畫意，正所謂壺中天地也。

　　中國北方的皇家園林由於深深打上了皇家的烙印，往往規模宏大。不過，再大的園林和大自然相比，仍然是小巫見大巫，所以中國園林從本質上說就是以小見大。秦漢之後的皇家園林雖有所縮小，但聚天下之景於一園的種種努力還是顯而易見的。北宋著名的皇家禁苑壽山艮岳僅十幾里見方，最高峰也不過九十步，但它卻在這有限的範圍內將山水、村舍、殿閣、花木等名勝奇觀聚集在一起。雖地處中原，卻兼採南方山水之勝，如紹興的鑒湖、杭州的飛來峰、陶淵明筆下的桃花溪、林和靖詩中的梅池等。

　　相對於皇家園林，私家園林則以小巧典雅見長。其中大型的不過十畝

上下，中型的五畝左右，小型的只有一、二畝。如何在這有限的空間內再現出無限宇宙的豐富，似乎是一個無法解決的難題。中國園林解決這一問題的方式是雙重的：首先，它試圖在狹小的空間內把每種體驗都混合進一點，園林因而呈現出紛繁複雜的特性。如構成園林的要素是多樣而豐富的，水石亭台、廳堂樓閣、花牆遊廊、假山竹樹，以及臨水的小橋、通幽的曲徑等，無不兼備。漫步園中，移步換景，別有天地。其次，它不斷在陰陽兩極之間變幻，如大與小、實與虛的變換對比處理等。園林的景色總是力求不斷變化，春夏秋冬，氣象萬千，又循環不止，美不勝收。

揚州的個園就體現了這一特色。揚州的個園面積約三十畝，但由於佈局巧妙，顯得曲折幽深，引人入勝。個園的第二層院落，是四季假山區。雖然只有十畝大小，但設計者精心選用石筍、太湖石、黃石和宣石，疊成春、夏、秋、冬四季山景。其構思之巧妙，用料之奇特，堪稱匠心獨運的頂尖之作。進入四季假山區後，首先看到的是春山（圖 1-7），左邊是一簇茂

圖 1-7 揚州個園春山
（吳棣飛／攝）

春山之處實際無山，只是修竹繁茂，石筍參差，恰似雨後春筍破土而出，生機勃勃，春意盎然！園中還有十二生肖假山石，在似與不似之間，與整個「春山」竹林相映成趣。

密的竹林，顯得春意盎然。在鵝卵石小徑的兩邊，一塊塊太湖石呈現出各種動物的造型，這就是《十二生肖鬧春圖》，從而增加了春天的氣息。沿花牆佈置石筍，恰似春筍出土，更與竹林呼應，給人一種春回大地、萬物復甦的感覺。

夏山（圖 1-8）是一座太湖石假山，山前有一泓清澈的水潭，潭中遍植荷花，向人們展示著映日荷花別樣紅的盛夏意境。夏山最大的特點是山水相連。水上有曲橋一座，兩旁奇石有的若仙鶴獨立，形態自若；有的似犀牛望月，憨態可掬；有的像鯉魚擺尾，神態生動；有的如荷塘蛙鳴，水面回聲。立於曲橋，抬頭仰望，谷口上飛石外挑，恰如喜鵲登梅，笑迎賓客。山頂上亂石如群猴嬉鬧，樂不可支。真是佳景俏石，使人目不暇接。穿過洞室，拾級而上轉到山頂，有一亭子立於假山之巔。亭東的一株紫藤枝葉交錯，濃蔭如蓋，藤條相互纏繞，與山石融為一體，也增添了夏山蔥鬱的氣氛。

圖 1-8　由太湖石堆疊而成的揚州個園的夏山（吳棣飛／攝）

通過灰調的石色，環繞的清流，綠樹披散的濃蔭和深邃的山洞，給人蒼翠欲滴、千姿百態的感覺。因此，夏山宜看，遠近高低都是景，讓人左顧右盼，目不暇接。

圖1-9　由黃石堆疊而成的揚州個園秋山(吳
棣飛／攝)

秋山氣魄雄偉，最富畫意。山上多植松、
楓，松之蒼翠、楓之嫩紅，與山色相映成
趣。秋山宜登，遊走騰挪於尺幅之間，如
歷千山萬水，盡得攀登險趣。

　　秋山(圖1-9)用黃石堆疊，氣勢磅礴，用石潑辣，相傳出自大畫家石濤
之手。因黃石既具有北方山嶺之雄，又兼有南方山水之秀，所以秋山是個
園中最富畫意的假山。每當夕陽西下，紅霞映照，色彩極爲醒目。在懸崖
石隙中，又有翠柏、丹楓傲立，其蒼綠、紅豔的枝葉與黃褐色的山石恰成
對比，宛如一幅秋山畫卷。

　　個園的冬山選用顏色雪白、體形圓渾的宣石，使人產生雪山積雪未化的
感覺，恰當地表現出了冬的主題。爲了使冬天的意味更足，設計者在南牆上

有規律地排列了二十四個圓洞，組成一幅別具一格的漏窗圖景。每當陣風吹過，這些洞口猶如笛簫上的音孔，會發出不同的聲響，像是冬天西北風在呼叫。如此一來，冬山不僅有形、有色，還有了風聲。

遊覽一周，如隔一年；方寸之地，卻能使人盡覽四季美景，這就是揚州個園，也是中國園林以小見大的妙處之所在。

再如山東濰坊的十笏園（圖1-10），僅從名字上看就頗耐人尋味。此園主人丁善寶在他的《十笏園記》中對十笏園的命名作了解釋：「署其名曰十笏園，亦以其小而名之也。」「笏」為古時大臣上朝時拿著的狹長形手板，多用玉、象牙或竹片製成，後人即以「十笏」來形容建築物面積很小。十笏園面積僅二千多平方公尺，確是小園。但由於設計精巧，在有限的空間裏能呈現自然山水之美，所以能含蓄曲折，引人入

圖1-10　山東濰坊十笏園(張佃生／攝)

被譽為北國小園之首的山東濰坊十笏園，山水、建築、花木無一不備。園內建有樓台、齋堂、殿閣等六十七間，此外還有水簾洞、小瀑布等，在有限的空間內極盡變化之能事。十笏園是中國北方地區具有江南園林小巧玲瓏特色的園林之一。

勝。園中樓台亭榭、假山池塘、客房書齋、曲橋回廊等建築無不玲瓏精美，緊湊而不顯擁擠。整個園林疏密有致，錯落相間，身臨其境，如在畫中，給人一種佈局嚴謹、一步一景的感覺。十笏園之所以能在彈丸之地造出氣象萬千，讓人目不暇接，就在於造園家成功地運用了小中見大、虛實相濟等手段。總之，十笏園集中國南北方園林建築藝術之大成，是中國古典造園藝術中的奇葩，被譽為北國小園之首。

## ▌文化薈萃

　　如今特別時興談文化，有茶文化、酒文化、飲食文化……甚至還有什麼廁所文化之類。在如此眾多的文化面前，把中國園林說成中國傳統文化薈萃的實體，想必並不過分。

　　早在先秦時期，園林便已經與政治聯繫了起來。人們在談到歷史上動亂的根源時，大都把矛頭指向暴君在離宮別館和園囿中縱情酒色而荒於政事，如夏桀、殷紂等。以後的歷代封建王朝，在取得政權後總要大興土木，興造園林，供皇族出宮時享樂。在皇家園林中，政治意識往往表現得比較強烈。如頤和園的仁壽殿（圖1-11），在乾隆時期名爲勤政殿，其莊嚴肅穆的風格，宏大壯麗的結構，完全是皇家威權意識和政治意識的反映。避暑山莊的正殿——澹泊敬誠殿（圖1-12），則可以說是不標明「勤政」的勤

圖1-11　北京頤和園仁壽殿（劉軍／攝）

仁壽殿原名勤政殿，建於1750年，意爲不忘勤理政務。後取《論語》中「仁者壽」之意，改名仁壽殿。這裏是慈禧和光緒住園期間臨朝理政、接受恭賀和接見外國使節的地方，爲頤和園聽政區的主體建築。

圖1-12　承德避暑山莊的正殿澹泊敬誠殿內部（一隻鳥／攝）

殿內正中區額上的「澹泊敬誠」四個大字源於《易經》。澹，猶淡；澹泊是恬淡寡欲、安於簡樸的意思；「敬誠」是謹愼小心、眞心實意的意思。這裏表示的是以淡泊之心，勤政治國之意。

圖 1-13　頤和園佛香閣（tictoc912/ 攝）

「佛香」二字來源於佛教對佛的歌頌。清乾隆時在此
築九層延壽塔，至第八層「奉旨停修」，改建「佛香
閣」。咸豐十年（1860）毀於英法聯軍，光緒時（1875 －
1908）在原址依樣重建，供奉佛像。

政殿，這些都是皇家政治意識的歷史積澱。然而，在江南很多園林中，政
治意識則比較淡薄，甚至往往表現出與政治背道而馳的情趣，而這恰恰表
現了一種與政治上積極進取相對立的隱退意識。

　　園林與哲學思想的關係也顯而易見，例如儒家在自然山水中想到了天
人合一，道家從自然山水中看到了自然之道，佛家從自然山水中悟到了優

圖 1-14　頤和園智慧海前的琉璃牌坊——眾香界(tictoc912／攝)

頤和園智慧海，位於萬壽山頂。「智慧海」一詞爲佛教用語，本意是讚揚佛的智慧如海，佛法無邊。該建築雖然很像木結構，但實際上沒有一根木料，全部用石磚發券砌成。由於沒有房梁承重，所以稱爲「無梁殿」。又因殿內供奉了無量壽佛，所以也稱它爲「無量殿」。

雅脫俗，等等。在這裏，我們不妨看一看頤和園。頤和園反映最多的是儒家思想，這一點只憑這個皇家園林的身份便不難想像。頤和園東宮門內是一片宮殿建築群，其中的正殿是仁壽殿，取施仁政者長壽之意，正是儒家治國理念的體現。其次是佛家思想，頤和園的主體建築是佛香閣（圖 1-13），供奉的乃是阿彌陀佛；智慧海（圖 1-14）位於全園的最高處——萬壽山之巔，是一座兩層的佛教殿堂。殿前有一座琉璃牌坊，牌坊的兩面額枋和智慧海的前後殿額，各有三個字，連起來讀正是佛家偈語：「眾香界，祇樹林，智慧海，吉祥雲。」老莊的道家思想在頤和園中也有反映，其中的諧趣園（圖

圖 1-15　頤和園中的諧趣園（王文波／攝）

諧趣園在萬壽山東麓，是一個獨立成區、具有
南方園林風格的園中之園。建園時名叫「寄暢
園」，是仿無錫惠山寄暢園而建，意思是在山水
之間寄情暢懷，體現的是道家思想。1811 年重
修後改名為「諧趣園」。

1-15）是仿無錫寄暢園修建的，建園之時也稱寄暢園，後來在清嘉慶時改稱
諧趣園。「寄暢」的意思是在山水之間寄情暢懷，這是典型的老莊思想。諧
趣園中的知魚橋（圖 1-16）更是直接引用了莊子在濠水知魚之樂的典故。至於
江南私家園林，雖不如頤和園追求那麼多，但也絕不是只反映一兩種思想，
這裏就不多說了。

圖 1-16　頤和園中諧趣園
內的知魚橋（聶嗚／攝）

橋名源於中國古代兩位哲
學家莊子和惠施觀魚時的
對話。莊子說：「這些游
魚多麼快樂呀！」惠施反
駁道：「你不是魚，怎麼
知道魚快樂？」莊子用對
方的邏輯方法回答：「你
不是我，你怎麼知道我不
知道魚的快樂？」

　　文學與園林的聯繫也是由來已久。首先，中國古典神話，尤其是「蓬萊仙島」神話體系，對中國傳統的造園佈局有著廣泛的影響，鑿池堆山的佈局成為中國園林中一個普遍的模式。從漢代開始，皇家園林中便有了一池三山的佈局，直到今天頤和園的昆明湖中也仍然分佈著南湖島、治鏡閣島和藻鑒堂島，以象徵三座仙山。其次，詩文在園林藝術中也發揮著重要作用。在中國園林中，常有匾額、題詞、楹聯等書法藝術陳設其間，或點題應景，或抒情喻志，或令人神怡，或發人深思，起著畫龍點睛的作用，使得中國園林充滿著一種書卷氣息，故而中國園林又被稱為文人園。

　　再看園林與繪畫的關係。中國園林講究源於自然而高於自然，這正與傳統的繪畫有著共同的藝術追求。尤其在佈局、搭配、置景等造園技法方面，傳統的山水畫對園林產生了巨大影響。中國文人畫家並不只是臨摹自然，他們更注重把握景物的本質，所以畫家一般要通過自己的心悟，提煉出自己對自然的深層理解和哲學認識。而中國園林，尤其是私家園林，也正是由於文人追求接近自然，嚮往隱居山水間的田園生活而發展起來的，所以園林藝術從一開始就受到了文人山水畫的影響。中國繪畫非常注重寫意，而非寫實，往往畫中有詩，意境深遠。作畫者比較注意整體的佈局效果，調動觀者的聯想。往往寥寥數筆，便見波濤萬頃；樹枝幾條，可想森林茂密。運用到園林藝術之中，便有「豎畫三寸，當千仞之高，橫墨數尺，體百里之回」，「一拳則太華千尋，一勺則江湖萬里」。通過人工造景，移天縮地，將大自然中的景觀彙集在有限的空間裏，給人身處廣袤自然的感覺。

　　不僅如此，中國園林還吸收了中國繪畫含蓄有致的創作方法，反對一覽無餘，主張「山重水複疑無路，柳暗花明又一村」。中國園林的主景與高潮往往不是一進門就一目了然，而是猶抱琵琶半遮面，其精華部分要千呼萬喚始出來，遊覽的高潮放在最後。這與西方園林開門見山，一眼觀盡的

手法迥然不同。中國園林還很講究虛實相生，一如畫法。相對來說，景觀是實，空地是虛，虛實結合，變幻莫測，大大加強了藝術效果。比如道教聖地青城山前山建築密集，是實；後山建築疏落，是虛。這就使全園佈局疏密有致，令人稱奇。

在中國園林長期的造園實踐中，還形成了一系列公認的觀念，如種竹以示清高，松柏以象莊嚴，垂釣以寓隱逸，流觴便思蘭亭之會等。所以古典園林意境的創造，就是巧妙地利用這些自然、歷史、文化現象，引人產生聯想，使之情景交融，創造出比眼前風景更為豐富的意境來。

總之，幾千年悠久的歷史文化所孕育的中國園林藝術，其文化內涵遠遠超出了一般的綠地、森林、山水、郊野等所顯示的景觀價值。中國園林與中國傳統文化的聯繫千絲萬縷，在這本小書裏不可能面面俱到。這裏要強調的是，海納百川，故能成其大，一個小小的園林能包容下如此豐富多彩的文化內涵，這是中國先民了不起的創造。

天地一園
中國園林

2

爭奇鬥勝
——中國園林的種類

## ▍氣勢恢宏的皇家園林

在中國園林系統中，整體風格是大體一致的，但也有明顯的個性差異，從而形成了中國園林的不同類型。其中既有凸顯宏大氣派和尊貴地位的皇家園林，又有追求小巧精緻的私家園林，還有多建於名山勝地的寺廟園林。

中國的皇家園林有兩種類型，一類是建在京城裏面，與皇宮毗連，相當於私家的宅園，稱為大內御苑，如北京故宮中的御花園和故宮邊上的中、南、北三海；另一類則建在郊外風景優美、環境幽靜的地方，一般與離宮或行宮相結合，分別稱為離宮御苑和行宮御苑。行宮御苑供皇帝偶一遊覽或短期居住之用，如河北保定的古蓮花池；離宮御苑則是皇帝長期居住並處理朝政的地方，相當於和皇宮相聯繫的又一處政治中心，如承德的避暑山莊。在中國古代，凡是與帝王有直接關係的宮殿、壇廟、陵寢等，都要利用其佈局和造型來體現皇權的至高無上。皇家園林作為專供帝王及其家族享樂的地方，自然也不例外。到了清代前期，皇權的擴大達到了前所未有的程度，這在當時所修建的皇家園林中也得到了充分體現。例如圓明園後湖的九個島嶼，合稱九州清晏，象徵禹貢九州；東面的福海象徵東海；

27

西北角上全園最高的土山紫碧山房,象徵西北的崑崙山等。整個園林佈局象徵了全國的版圖,從而表達了「普天之下,莫非王土」的皇權觀念。由於帝王可以利用其政治上的特權與經濟上的雄厚財力,佔據大片土地營造園林供其享用,所以皇家園林的突出特點是規模宏大,包羅萬象,富麗堂皇,氣勢磅礡。在這方面,寺廟園林和私家園林是望塵莫及的。

　　皇家造園追求宏大的氣派和皇權的至尊,這就導致了皇家園林的園中園格局(圖 2-1)。大型的皇家園林,內部都有幾十乃至上百個景點,其中就

圖 2-1　從「畫中遊」內望
昆明湖（磊鳴／攝）

畫中遊在萬壽山西部，是
依山而築的重要建築群。
中為八角兩層樓閣，東西
配置兩亭兩樓，西樓名為
愛山，東樓稱借秋，用爬
山廊溝通。漫步遊廊，有
如置身畫中。

有對某些江南袖珍小園的仿製和對佛、道寺觀的包容。同時出於整體宏大
氣勢的考慮，往往安排一些體量巨大的單體建築和組合豐富的建築群，這
樣勢必要有比較明確的軸線，或主次分明的多條軸線。原本強調因山就勢，
巧若天成的園林，也就多了一些規整和莊嚴。也正是由於這一點，使得皇
家園林與私家園林的佈局判然有別。

　　清代的皇家園林主要集中在華北，儘管大多是利用自然山水加以改造
而成，但也要在營造風景的同時顯示出一派皇家氣象。這裏重點說說頤和

29

圖 2-2　北京頤和園樂壽堂（磊鳴／攝）

樂壽堂是慈禧的寢宮，原建於乾隆十五年（1750），咸豐十
年（1860）被毀，光緒十三年（1887）重建。樂壽堂面臨昆
明湖，背倚萬壽山，東達仁壽殿，西接長廊，是園內位置
最好的居住和遊樂的地方。堂前有慈禧乘船的碼頭。「樂
壽堂」黑底金字橫匾爲光緒手書。

園和避暑山莊。

　　頤和園位於北京西北郊，最初爲金代興建的帝王行宮，明代改名好山
園，乾隆十五年（1750）擴建，名清漪園。它是清代三山五園中最後的一座
皇家園林，歷史上被英法聯軍和八國聯軍兩次破壞。光緒十四年（1888），
慈禧太后挪用海軍軍費白銀三千萬兩重建，改名頤和園。此後成爲慈禧太
后長期居住兼進行政治活動的離宮御苑（圖 2-2），目前是中國保存最完整的
一座大型皇家園林，佔地面積約二百九十公頃。

　　頤和園大體上由萬壽山和山南的昆明湖組成。昆明湖中有南湖島、藻
鑒堂島、治鏡閣島三島，正是皇家園林傳統的一池三山的佈局。頤和園是

圖 2-3　頤和園中以佛香閣為主體建築的軸線（國平／攝）

前山以佛香閣為中心，組成巨大的主體建築群。萬壽山南麓的
中軸線，起自湖岸邊的雲輝玉宇牌樓，經排雲門、二宮門、排
雲殿、德輝殿、佛香閣，終至山巔的智慧海，層疊上升，氣勢
磅礴。

採用這種佈局的最後一座皇家園林，也是碩果僅存的一座。

在園林中建築寺、觀、祠廟是皇家園林的一大特色，尤以佛寺居多，
幾乎每座稍大的皇家園林中都有不止一座佛寺。頤和園中的主要建築群便
是位於萬壽山前山中央部位的大報恩延壽寺。這組建築由天王殿、大雄寶
殿、多寶殿、佛香閣、眾香界牌樓、智慧海等組成，順應山勢，從臨湖的
山腳一直延伸到山脊，形成一條明顯的中軸線。而雄踞於石砌高台之上，
金碧輝煌的佛香閣更成為頤和園的標誌，也是全園的構圖中心（圖 2-3）。

頤和園中也再現了許多江南的優美風光。園林本身仿照杭州西湖建造，昆明湖上西堤的位置與走向都與蘇堤相仿，甚至也有六橋；萬壽山東麓的諧趣園是仿照無錫寄暢園建造的一座園中之園，規模不大但景色優美，它是在皇家園林中仿建江南園林最出色的例子；後湖區的蘇州街<sup>（圖 2-4）</sup>則是仿照蘇州、南京等地沿河街市建造的買賣街，令人感覺來到了江南水鄉的鬧市。這些民間的造園藝術極大地豐富了皇家園林的內容，成為皇家園林的又一重要特點。

避暑山莊，史稱熱河行宮，位於河北省承德市北部武烈河西岸。避暑山莊歷經清代康熙、雍正、乾隆三朝，前後延續將近九十年的時間才算基本完工，是中國現存最大的皇家園林，總面積達五百六十四公頃。除宮廷區外，可分為三大景區：湖泊景區、平原景區和山岳景區。實際上是把大江南北的風景彙集於一園之內，突出表達了當年的統治者「移天縮地在君懷」的宏大氣魄。湖泊景區具有濃郁的江南水鄉情調，平原景區一派塞外草原風光，山岳景區象徵北方的群山。山莊還把江南園林中的許多景點移植了過來，例如文園獅子林模仿蘇州獅子林，金山亭<sup>（圖 2-5）</sup>再現了

圖 2-4　頤和園蘇州街景色（逍遙遊／攝）

頤和園後湖的蘇州街是一個仿江南水鎮而建的買賣
街。清朝時期岸上有各式店鋪，其中的店員都是太
監、宮女裝扮，皇帝遊幸時才開始「營業」。後湖岸
邊的數十處店鋪 1860 年被列強焚毀，現在的景觀爲
1986 年重修。

圖 2-5　承德避暑山莊金山亭（姚洪／攝）

承德避暑山莊的金山亭是模仿鎮江金山寺而
建。在避暑山莊園內的亭、閣、軒、榭中，
金山亭是較有特色的一個，仿造得很逼真，
使人很容易聯想起白娘子和法海的鬥法。

江蘇鎮江金山寺的景觀，文津閣（圖 2-6）效法寧波天一閣，煙雨樓（圖 2-7）取
自嘉興南湖煙雨樓。這種模仿不是單純的抄襲，而是結合了北方特點進行
了藝術再創造，使北方的皇家園林融入了民間藝術的詩情畫意，追求的是
神似而不拘泥於形似。

34　　　　避暑山莊之外，如眾星捧月一般半環於山莊的是雄偉的寺廟群，依山

而建，形式各異，合稱外八廟，是依照西藏、新疆、蒙古藏傳佛教寺廟的形式修建的，為漢、藏建築藝術的集中體現。避暑山莊及周圍寺廟群是一個有機整體，前者樸素淡雅，後者金碧輝煌，其風格形成強烈的對比。

圖 2-6　承德避暑山莊文津閣（聶鳴 / 攝）

文津閣建於乾隆三十九年（1774），從整體佈局、體量尺寸、建築用材到施工方法，乃至書架款式，都與寧波的天一閣大致相仿。文津閣外觀兩層，實為三層，中間一層是陽光不能直射的藏書庫。

圖 2-7　承德避暑山莊煙雨樓（一隻鳥 / 攝）

避暑山莊煙雨樓仿嘉興煙雨樓而建。煙雨樓佈局緊湊，庭院內古松挺拔，院外遍植荷、葦、蒲、菱，莊嚴、素淡形成對比。每當山雨濛濛之時，煙雨樓籠罩在雨霧煙雲之中，宛若仙山瓊閣，充滿了神奇縹緲之美。

## ▌小巧玲瓏的私家園林

　　中國的私家園林是以開池築山爲主的風景山水園林，多建在城市，並與住宅相連。這類園林大多是在江南和嶺南地區，江南的私家園林多集中於蘇州、揚州、杭州、無錫等地。蘇州園林最多，其中滄浪亭、獅子林、拙政園、留園最負盛名，合稱蘇州四大名園。此外，蘇州的曲園、怡園、耦園、網師園，揚州的個園、何園，無錫的寄暢園，上海的豫園（圖 2-8）等，都很有名。其中上海的豫園素有「東南名園之冠」的稱號。

　　與華北的皇家園林相比，江南的私家園林佔地甚少，小者一、二畝，大者數十畝。在如此狹小的空間裏，還要包容山水、花木、建築等內容，要營造出令人流連忘返的景觀，實在讓人爲難；但南方人善於「螺螄殼裏做道場」，硬是把個方寸之地佈置得小巧別緻，韻味無窮。

　　江南的造園家們主要是運用含蓄、抑揚、曲折、暗示等手法來啓發人的主觀再創造，形成一種深邃不盡的意境，擴大人們對於實際空間的感受。其一體現在園林的佈局上：大多以水面爲中心，四周散佈建築、假山和花木，構成一個個景點。幾個景點再組成景區，較大的園林可有幾個景區。

圖 2-8　上海豫園（黃瓊／攝）

豫園始建於 1559 年，距今已有四百餘年的歷史，是
上海老城廟僅存的明代園林。園內樓閣參差，山石
崢嶸，湖光瀲灩，素有「奇秀甲江南」之譽。1982 年
被國務院列為全國重點文物保護單位。

以彎彎的小路將景物彼此銜接，以九曲十八彎的小橋溝通水面本來不大的
水池兩岸；或以景致各異的層層院落相串，在彈丸之地創造出變幻不定、
觀之不盡的景致。

　　其二，所有的造園要素，如山、石、建築等體量都較小，而且造型別致。
飛簷翹角的建築給人輕盈欲飛的感覺，消除空間狹窄給人的心理壓抑；建

圖 2-9　山東濰坊十笏園的圍牆（王景和／攝）

此牆造型奇特，比例適當，內外通透，本身就是園
林景觀中的建築小品，這樣就使圍牆成為小巧玲瓏
的十笏園景觀的一部分。

築上的精緻雕刻與曲線型的圍牆（圖 2-9）又創造了幾分活潑歡快的氣氛。

　　其三，在園景的處理上，善於在有限的空間內有較大的變化，比如用
粉牆、花窗或長廊來分割園景空間，但又隔而不斷，掩映成趣。或通過畫
框似的一個個漏窗，形成不同的畫面，變幻無窮。

　　其四，巧於因借。私家園林的門窗能夠利用自身的框架和漏透作用恰
到好處地將園景攝入，似隔非隔，使遊人產生如畫的感覺。更加巧妙的是，
把遠處的山水景物借入園內，與園內景物相得益彰。如蘇州的拙政園（圖 2-10）
遠借蘇州北寺塔，無錫的寄暢園遠借惠山等。

圖 2-10　蘇州拙政園景色（王曉東／攝）

蘇州拙政園中部花園水面開闊，是拙政園的精華之所在，具有濃厚的
江南特色。昔日遮擋景觀的垂柳經過換植，遊客們又能欣賞到三里之
外的北寺塔，這可謂最能體現造園借景手法的著名景觀了。從倚虹亭
向西望去，北寺塔如在園內，塔尖倒映池中，令人神往。

圖 2-11　上海豫園和煦堂的內部陳列（封小莉／攝）

上海豫園和煦堂內陳列的一套家具，包括桌、椅、几和裝飾用的鳳凰、麒麟，都用榕樹根製作，工藝精巧，造型別緻，已有上百年歷史。

其五，移步換景。江南私家園林講究移步換景，每行一步，每一個角度，景色都有所不同，給人豐富而又變幻多姿的藝術感受。因此，私家園林最常見的是堂奧縱深，有虛有實，以最大限度地激發遊人尋幽探勝的興趣。有時在狹小的地方還要大園套小園，造成多變的空間。這種園中之園，又常在曲徑通幽處，讓人感到別有洞天，高潮迭起。

江南私家園林大都是文人、畫家和士大夫營建的，比起皇家園林來可說是小本經營，所以更講究細部的處理和建築的玲瓏精緻。園林建築的室內普遍陳設有各種字畫、工藝品和精緻的家具。這些工藝品和家具與建築功能相協調，經過精心佈置，形成了中國園林建築特有的室內陳設藝術（圖 2-11），這種陳設又極大地突出了園林建築的觀賞性。如蘇州留園的楠木廳（圖 2-12），家具都由楠木製成，室內裝飾美觀精緻、樸素大方，形成了典雅的觀賞環境。室內佈局一般都採用習慣的對稱手法，牆壁上的字畫掛屏以及室外的石案、石磯等，也都採取對稱的佈局，在重複中富有節奏。室內外裝修與家具陳設均以棗紅、黑、栗三色為主，從而與整個園林樸素、高潔、淡雅的色調相適應。

圖 2-12　蘇州留園的五峰仙館內景（黃源／攝）

五峰仙館的建築用材非常奢華，由於梁柱和家具都是由楠木製成，俗稱楠木廳。使用如此貴重的木材，可見五峰仙館在留園中的地位非比尋常。

　　在色彩的運用上，為了適應炎熱氣候中尋找清涼環境的心理需求，江南的私家園林多用白色的牆、黑灰色的瓦和門窗框、栗色的梁柱。這恰恰與皇家園林建築追求豪華壯麗、採用大紅大綠的色調形成強烈的對比。

41

圖 2-13　東莞可園中的可亭（多吱／攝）

可園始建於清道光三十年（1850），園內亭台樓閣設計精巧，清一色的青磚結構給人古典優雅的美感。可園爲清代廣東四大名園之一，也是嶺南園林的代表作，前人讚爲「可美人間福地，園誇天上仙宮」。

　　江南私家園林的主人多爲文人學士，能詩會畫，善於品評，所造園林的主要功能在於修身養性，閒適自娛，所以園林風格極其清高風雅，充溢著濃郁的書卷之氣。中國北方的皇家園林一般具有均衡、對稱、威嚴、豪華的氣氛，而南方的私家園林卻顯得自由、輕巧、纖細、玲瓏剔透。

　　嶺南的私家園林，著名的有廣東四大名園（佛山的梁園、番禺的餘蔭山房、東莞的可園（圖 2-13）、順德的清暉園）、桂林的雁山園、廈門的菽莊花園、台灣四大名園（台南的吳園、板橋的林家花園、新竹的北郭園、霧峰的萊園）等。與江南私家園林多建在城市不同，嶺南私家園林在選址上盡可能離開鬧市，把園林宅第建在眞山眞水的大自然中，例如清暉園、梁園就建在小鎭的邊緣。嶺南私家園林的規模比江南園林還要小一些，宅居和園林融爲一體，設置不在乎大而全，而在於實用，園林功能是以適應生活起居爲主。

　　嶺南私家園林雖然也是圍合封閉的，但採取開敞的方式進行佈局，較多利用水面平坦開闊、視野寬廣的特點，較好地把園外的空間和景色引入

圖 2-14　廣東番禺的餘蔭山房（張奮泉／攝）

餘蔭山房，又名餘蔭園，是清道光年間舉人鄔燕山
爲紀念其祖父鄔餘蔭而建的私家花園。該園以「小巧
玲瓏」的獨特風格著稱於世，贏得園林藝術的極高榮
譽，爲廣東四大名園之一。

園內，以擴大視域的範圍。嶺南私家園林中的建築佔有舉足輕重的地位，
具有很強的實用性，往往是建築包圍著園林，園林的邊緣建有假山、樓閣，
這是嶺南園林與江南園林非常明顯的區別。如廣東番禺的餘蔭山房（圖 2-14），
佔地面積僅一千五百九十八平方公尺，整座園林佈局靈巧精緻，以藏而不
露和縮龍成寸的手法，在有限的空間裏分別建築了深柳堂、欖核廳、臨池
別館、玲瓏水榭、來薰亭、孔雀亭和廊橋等，而山石池水、花草樹木等景

43

物只是建築的陪襯而已。這與江南園林中建築物常常以小品的形式出現來突出園中景致的做法大有不同。另外，嶺南私家園林還有碉樓（圖 2-15）、船廳（圖 2-16）、廊橋等，裝修中大量運用木雕、磚雕、陶瓷、灰塑等民間工藝；園林植物以木棉、棕櫚等爲主，終年常綠，高大挺拔，具有南國情調。這都是與北方皇家園林和江南私家園林大異其趣的。

江南私家園林以含蓄、秀美爲勝，這種造園風格與文人士大夫的隱逸思想有關。嶺南私家園林主要根植於民間，園主人多爲仕紳、商賈或華僑，

圖 2-15　東莞可園的制高
點邀山閣（多歧／攝）

這是一座融中西建築藝術
於一體的碉樓，雕樑畫
棟，造型秀麗。邀山閣是
可園觀覽遠近景物的最佳
處，登臨此閣，俯瞰全園，
則園中勝景均歷歷在目，
猶如一幅連續的畫卷。

圖 2-16　廣東順德清暉園的船廳（封小莉／攝）

船廳也叫旱船、舫、不繫舟，是中國園林模仿畫舫
的特有建築。船廳的前半部多三面臨水，船首常設
有平橋與岸相連，類似跳板，令人有置身船上的感
覺。清暉園的船廳是仿照珠江畫舫「紫洞艇」建築的
兩層樓。

造園受到商品意識的影響，園林講究實用，景象的展示也直奔主題。嶺南
私家園林的風格表現為開朗、明快、簡潔，表達方式直接明瞭，不像江南
私家園林那樣含蓄，需要用心去體會。

　　總之，嶺南私家園林不同於北方皇家園林的壯麗，江南私家園林的纖
秀，而具有輕盈、自在與開放的嶺南特色。

## ▌古色古香的寺廟園林

　　所謂寺廟園林，是指佛寺、道觀、歷史名人紀念性祠堂的園林，其小者僅有方丈之地，大者則涵蓋整個宗教聖地，實際範圍包括寺、觀周圍的自然環境，是寺廟建築、宗教景物、人工山水和天然山水的綜合體。寺廟園林在中國園林家族中是一個龐大的分支，論數量，它比皇家園林和私家園林的總和還要多出很多倍；論特色，它具有一系列皇家園林和私家園林難以具備的特長；論選址，它突破了皇家園林和私家園林在分佈上的局限，可以廣布於自然環境優越的名山勝地，正如俗諺所說「天下名山僧佔多」；論優勢，自然風光的優美，環境景觀的獨特，天然景觀與人工景觀的高度融合，內部園林氣氛與外部園林環境的有機結合等，都是皇家園林和私家園林望塵莫及的。

圖 2-17　陝西佳縣的香爐寺（王文波／攝）

香爐寺位於佳縣城東二百公尺的香爐峰頂，東臨黃河，三面絕空，僅西北面以一小路與縣城古城門相通。峰前有直徑五公尺高二十餘公尺一巨石矗立，與主峰間隔兩公尺，形似高足香爐，香爐寺即由此而得名。

圖 2-18　江蘇鎮江金山寺 (謝光輝 / 攝)

金山寺始建於東晉明帝時。該寺建築風格獨特，殿
宇廳堂，亭台樓閣，全部依山而建，形成樓上有塔、
樓外有閣、閣中有亭的奇特格局。另有許多歷史典
故與動人傳說，如梁紅玉擂鼓戰金山，白娘子水漫
金山等，膾炙人口，廣爲流傳。

　　寺廟園林較之皇家園林和私家園林的最大特點首先體現在選址上，皇
家園林多建於京都城郊，私家園林多建於宅第近旁，而寺廟園林則大多挑
選自然環境優越的名山勝地。像陝西佳縣的香爐寺 (圖 2-17) 位於黃河西岸的
懸崖峭壁上，腳下即爲奔騰而過的滔滔黃河。江蘇鎮江的金山寺 (圖 2-18) 依

圖 2-19　深山密林中的杭州靈隱寺（邵風
雷／攝）

靈隱寺始建於東晉咸和三年（328），為杭
州最早的名剎。地處杭州西湖以西，背靠
北高峰，面朝飛來峰，兩峰夾峙，林木蔥
龍，深山古寺，雲煙萬狀。是全國重點文
物保護單位。

孤峰金山而建，重樓華宇，鱗次櫛比，極為壯觀。昆明西山的道教宮觀三
清閣，背倚青山，面朝滇池，碧波白帆盡收眼底。杭州靈隱寺<sup>（圖 2-19）</sup>深隱
在西湖的群山密林之中，坐觀冷泉，仰視飛來峰。浙江雁蕩山的觀音洞<sup>（圖</sup>
<sup>2-20）</sup>，遠望為一天然山洞，入內則樓宇高聳；大殿左側飛泉灑落，水珠串串，

是難得一見的寺廟景觀。總之，無論是蟄居於名山大川，還是潛隱於深山幽谷，寺廟園林總是建在最親近大自然的地方。

　　其次，由於它具有宗教性質，是服務於宗教生活的景觀環境，因此，它首先要滿足善男信女和香客在寺廟中從事宗教活動的需要。這就要求寺廟園林的建築必須適應宗教活動的基本格局，並且必然成爲寺廟園林的中心。比如佛教寺院往往形成軸線式的多進院落：從山門、鐘鼓樓、天王殿、大雄寶殿、藏經閣，直到僧舍、佛塔、石室，都要按照從事宗教活動的順序逐一有序地展開，形成充滿宗教色彩的固定組合；再加上佛塔、經幢、碑刻、摩崖造像等宗教小品點綴其中，形成了既具有宗教氛圍，又令人心曠神怡的優美環境。就連寺院中的水池，也多是供善男信女積德行善用的放生池。比如北京的潭柘寺（圖 2-21）、臥佛

51

圖 2-22 北京臥佛寺的放
生池（晶鳴／攝）

《大智度論》云：「諸餘罪
中，殺業最重，諸功德中，
放生第一。」因此放生池
是許多佛寺中都有的一個
設施，以便信徒將各種水
生動物如魚、龜等在這裏
放生。

圖 2-23 江西龍虎山上清
宮一隅（李建球／攝）

上清宮是龍虎山道教最重
要的場所之一，是舊時張
天師從事闡教演法、傳道
授籙等重大法事活動的地
方。上清宮的殿、閣、樓、
院遍佈其間，其規模之宏
大不但為江南道教宮觀之
冠，而且在全國也是首屈
一指。

寺（圖 2-22）就是典型的例子。道教宮觀則根據八卦方位，乾南坤北（即天南
地北），以子午線為中軸，形成坐北朝南的佈局，使供奉道教尊神的殿堂都
設在中軸線上。兩邊則根據日東月西、坎離對稱的原則，設置配殿供奉諸
神。山門以內，正面設主殿，兩旁設靈官殿和文昌殿，沿中軸線上，設規
模大小不等的玉皇殿或三清殿、四御殿。這種形式的道觀以道教正一派祖

庭、江西龍虎山上清宮（圖2-23）和全眞派祖庭、北京白雲觀爲代表。

　　寺廟園林的建築格調通常是質樸素雅，儘量避免皇家園林中殿宇的奢華富麗。除了爲表現神仙世界的神祕逍遙而在大殿內有一些彩繪、彩塑之外，一般建築的外觀色彩都比較素雅內斂，如紅爲暗紅，青爲靛青。佛教聖地四川峨眉山上的一些廟宇，甚至不加油漆粉飾，一仍原有本色，不僅看起來古色古香，而且與清幽的山林環境融合無間。寺廟園林建築與環境協調的例子很多，如樂山烏尤寺（圖2-24）和大佛寺（圖2-25），以臨近山上的紅砂岩爲建築材料，門窗牆柱也用暗紅色，與大環境中的雲崖和古木相襯，

圖2-24　四川樂山的烏尤寺（王俊／攝）

烏尤寺坐落在烏尤山頂，爲唐代名僧惠淨法師所建。寺中有羅漢堂等許多樓台殿宇，綠瓦紅牆，掩映其間，寺周圍竹木扶疏，顯得格外清幽。

圖2-25　四川樂山凌雲寺（魏德智／攝）

樂山凌雲寺，又名樂山大佛寺，位於四川省樂山市城東岷江、青衣江、大渡河匯流處的凌雲山棲鸞峰上。

圖 2-26　四川都江堰青城山山道棧橋(陳一年 / 攝)

道教聖地四川青城山上的這座小橋，採用不加修飾的杉樹圓
木搭建而成，不僅就地取材節省成本，更重要的是保持了天
然的特色。

顯得十分自然。道教聖地四川青城山上的小橋(圖 2-26)和亭子，多取近旁的
杉樹為材，不求修直，不去外皮，以樹皮為蓋；或乾脆以樹幹為亭柱，以
樹根為桌凳，再以枯枝古藤裝飾欄杆，不似雕工而勝似雕工，更富有天然
之趣。

　　我們知道，中國的古典建築以木結構為主，風雨剝蝕，很難長久，幾
十年或上百年之後，就要修葺甚至重建，因而不易顯示年代之久遠。而古

樹名木卻可以虯枝錄歲月，疤痕記流年，給人幽深古遠的歷史滄桑感。在
這方面寺廟園林是得天獨厚的，無論是入世的儒家孔廟，還是出世的佛教
禪林、道教宮觀，無不著意保護古樹名木。因此，很多歷史悠久的寺廟園
林總是古樹參天，綠蔭匝地。如山東曲阜的孔廟、孔府、孔林（簡稱「三孔」）
不僅以其悠久的歷史和眾多的文物古跡聞名於世，而且也是古樹彙聚之地。
「三孔」內生長的一萬零二百七十株古樹名木，不僅見證了「三孔」的發展
歷史，同時也是研究古代物候學、氣候學和生態學的寶貴素材。

　　中國的高僧們都是用銀杏樹來代替佛門聖樹菩提樹的，所以古銀杏大
多見之於寺廟園林之中。如北京千年以上著名的古銀杏樹有潭柘寺的唐代
帝王樹（圖 2-27）、遼代配王樹，西峰寺的宋代銀杏王等。另外，像金山寺、

圖 2-27　北京潭柘寺的「帝王樹」
（王粉娟 / 攝）

北京潭柘寺的唐代「帝王樹」距
今已有一千三百多年。古銀杏
巍然屹立在寺內的毗盧閣殿前
東側，其鬱鬱蔥蔥的綠冠高達
30 多公尺，粗壯挺拔的樹幹周
長達 9 公尺。

55

臥佛寺、八大處大悲寺、五塔寺以及上方山和溝崖的古廟遺址中，都有著名的古銀杏樹。北京大覺寺中有所謂「大覺六絕」，其中的三絕就是古木：三百年前的白玉蘭、抱塔松和六人方可合抱的遼代銀杏王。紅螺寺的大雄寶殿前，有兩棵唐代銀杏，高約三十公尺，雄樹每逢春天繁花滿枝，雌樹（圖 2-28）每至秋季果實纍纍，也是寺中三絕之一。

　　皇家園林常常因為改朝換代而毀掉，私家園林也難免因主人家道中落而衰敗，相比之下，寺廟園林卻具有相對穩定的連續性。一些著名的寺廟園林往往歷經若干個世紀的持續開發，有著眾多的宗教史跡與歷史故事，更有歷代文人雅士留下的摩崖碑刻和楹聯詩文，使寺廟園林具有豐厚的歷史文化積澱。寺廟園林的開發，使自然景觀與人文景觀相交織，也使朝山進香與遊覽園林相結合，起到了以遊覽觀光吸引香客的作用。

圖 2-28　北京紅螺寺的雌銀杏樹（吳家林／攝）

北京紅螺寺大雄寶殿前的雌銀杏樹，乃唐代遺物。歷經千年仍生機不減，見證著朝代的更替和歷史的變遷。

天地一園
中國園林

③

巧奪天工
——中國園林四大造園要素

## ▌疊山

　　中國園林的造園要素很多，最重要的有疊山、理水、建築和花木四大類，其中疊山是園林風景形成的骨架，理水是園林景觀的脈絡，建築是聯繫人文景觀與自然景觀的媒介，花木則是園林景觀蘊含生命力的寶庫，它們共同組合成為完整的園林藝術品。

　　在中國人的旅遊生活中，山景是佔據第一位的，那麼作為自然景觀縮小版的中國園林，當然要把山景的構建作為造園的第一要素，甚至有「造園必須有山，無山難以成園」的說法。園林中的山有真有假，許多皇家園林和寺廟園林都是依自然山水形勢而構建的，因此其中的山多是真山。但更多的園林，特別是私家園林，則以人造的假山為主。即便是在真山園林中，也多有假山的點綴，從而使園林具有源於自然而又高於自然的文化內涵。

　　園林內使用天然土石堆築假山的技藝叫作疊山，它是中國園林最典型、最獨特的造景方法。一般來說，園林的疊山要少而精，突出重點，所以往往用一兩塊形質優美的巨石作為主題來點綴園林空間。例如蘇州留園的冠雲、瑞雲、岫雲三峰，都是獨石成峰，而且是選用玲瓏剔透的完整太湖石，

59

具備透、漏、瘦、皺、清、醜、頑、拙等特點。其中冠雲峰（圖 3-1）高達六‧
五公尺，清秀挺拔，享有「江南園林峰石之冠」的美譽。爲了襯托和突出冠
雲峰，總體佈局以冠雲峰爲主景，旁立瑞雲峰與帕雲峰，作爲陪襯。冠雲
峰之北有冠雲樓，西面有曲廊，東面是冠雲亭和佇雲庵，南面有冠雲台。

圖 3-1　蘇州留園的冠雲峰（樹莓／攝）

蘇州留園的冠雲峰是一塊完整的太湖石。冠雲峰位於留園東部，林泉耆碩之館以北，因其形又名觀音峰，是蘇州園林中著名的庭院置石之一，充分體現了太湖石「透、漏、瘦、皺、清、醜、頑、拙」的特點。

上海豫園有一塊僅次於蘇州留園冠雲峰的巨石──玉玲瓏（圖 3-2），相傳是宋代花石綱遺物。玉玲瓏亭亭玉立，像一枝生長千年的靈芝，高五‧一公尺，寬二公尺，重

五千多公斤，上下都是孔洞，賽似人工雕刻。園主還專門在玉玲瓏之北建造玉華堂，用華美的廳堂來烘托它，玉玲瓏就成了豫園的鎮園之寶。廣州的千年古園九曜石，又名九曜園，因園內有九塊奇石而得名。園內以九曜石為主體，組成水石庭院。九曜石體形巨大，形態古樸，色澤晶瑩，渾厚蒼勁，把園景點綴得極富天然風韻。許多文人雅士到此一遊，在石上題刻，篆、隸、楷、行、草五體俱全。其中有宋代著名書法家米芾題寫的碑刻《九曜石詩》：「碧海出唇閣，青空起夏雲。瑰奇九怪石，錯落動乾文。」真可謂園以奇石顯，石以書法名。

小塊的山石照樣可以點石成景。這類疊山藝術特別講究因地制宜，比如梅邊點石宜古樸，松下點石宜古拙，竹旁點石宜瘦硬，蕉旁點石宜頑強，方能達到園林藝術的效果。

不同的山石置於園林之中，可以產生不同的藝術效果。例如，為了表現春天的意境，常用修竹千竿，配置瘦高的石筍，以此表達春意。夏天的意境，則多用玲瓏剔透的太湖石，構成峭壁危峰，山腳清流環繞，山頂濃蔭覆蓋，再以藤蔓盤繞，構成清意幽深的環境。秋山則常用黃石堆疊成峻峭的山勢，黃石丹楓，倍增秋色。冬山則多用色澤潔白、石體圓渾的宣石，疊置於牆的北側，以產生積雪未化的藝術效果。

在旱地堆疊假山和在水畔堆疊假山各有不同的講究。北京故宮內御花園的假山（圖 3-3），可稱旱地堆疊假山的一個範例。此園地勢平坦，既無自然山嶺可倚，又無人工水面可借，所以只能以人工山景為主，用大量的疊山作為園中的藝術點綴。在整個園林中山石爭奇鬥勝，姿態萬千。疊山的藝術手法，諸如山巒、峭壁、洞谷、巔峰等，幾乎應有盡有。雄奇、峭拔、幽邃、平遠的山林意境層出不窮，變化有致。無錫寄暢園的西部假山，也基本上是一座以土為主、以石為輔的旱地假山。造園者在假山的造型上，模擬了惠山九峰連綿之狀，把假山當作惠山的餘脈來佈置，堆成坂坡的形

圖3-2　上海豫園的鎮園之寶——「玉玲瓏」(封小莉／攝)

相傳「玉玲瓏」是宋徽宗當年在汴京建造花園艮岳時，從全國各地收「花石綱」因故未被運走的「艮岳遺石」，具有太湖石「皺、漏、瘦、透」之美。

圖3-3　北京故宮御花園中的假山局部(聶鳴／攝)

雖是疊砌的假山，但由匠師們精心設計和巧妙地使用大小不一、形狀各異的太湖石，在比較狹小的地面上，騰空拔地而起，疊成一座怪石嶙峋、岩石陡峭的假山，因而增添了觀賞的趣味。

式，使它與惠山雄渾自然的氣勢互爲對稱。假山高度一般在三至五公尺之間，一方面與東部水池的比例照應；另一方面與錫、惠兩山的尺度相宜。這樣就把假山與眞山融成一體，看不出人工斧鑿的痕跡了。

　　在中國園林中，依山傍水堆疊假山是最常見的形式。因爲「水令人遠，石令人古」，二者在性格上是一剛一柔，一動一靜，起到了相映成趣的效果。

63

圖 3-4　上海豫園大假山（封小莉／攝）

豫園大假山是中國江南現存最古老、最精美、最大
的黃石大假山，位於豫園西北角，高十二公尺，由
二千噸浙江武康黃石疊成，爲明代疊山大家張南陽
設計建造，被譽爲中國黃石假山第一。

上海豫園仰山堂前的大假山（圖 3-4），依水而建，是江南現存明代用黃石堆疊的第一大山。峰巒層疊，丘壑多變，有虛有實，變化多端。忽而登山鳥瞰，博覽滿園景色；忽而沿臨池小徑瀕水仰視，古樹參天。在有限的園地中，創造了空間無限的錯覺，大有咫尺山林之感。蘇州的獅子林（圖 3-5），向來以湖石假山眾多而著稱，以洞壑盤旋出入的奇巧而取勝，素有「假山王國」的美譽。園中的假山，大都依水而建，東南多山，西北多水。園中石峰林立，均以太湖石堆疊，玲瓏俊秀。有含暉、吐月、玄玉、昂霄等名稱，還有木化石、石筍等，均爲元代遺物。山形大體上可分爲東西兩部分，各自形成

一個大環形，佔地面積較大。山上滿佈著奇峰巨石，大大小小，各具姿態。多數像形態各異的獅子，千奇百怪，不可名狀。石峰間生長著粗大的古樹，枝幹交叉，綠葉掩映，從外部看上去，只見峰巒起伏，氣勢雄渾，很像一座深山老林。而石峰底下卻又全是石洞，顯得處處空靈。石洞高下盤旋，連綿不斷，曲徑通幽，峰迴路轉。忽而登上山峰，忽而翻入洞穴；眼看山窮水盡，卻又豁然開朗；明明相向而來，忽又背道而去；隔洞相遇，可望而不可即。看看似乎不遠，走走卻左彎右曲，半天也繞不出來。有時只聞其聲，不見其人，有時對面見人，但又難近其身。看似近在眼前，卻不能一同行走，猶如諸葛亮擺下的八卦陣一般。據傳此園曾邀請元代大畫家倪雲林等共同設計，故其假山若立體的畫，既趣味橫生，又奧妙無窮。

圖 3-5　千姿百態的蘇州獅子林假山（王瓊／攝）

千姿百態的湖石，多數像獅子，大大小小有五百多頭，有怒吼的，有酣睡的，有嬉戲打鬧的；或躺或立，或大或小，或肥或瘦；有像龜的，像魚的，像鳥的，還可找到十二生肖圖，讓人歎為觀止。

## ▍理水

　　山水是中國園林的主體和骨架。如果說山支起了園林的立體空間，以其厚重雄峻給人古老蒼勁之感，那麼，水則開拓了園林的平面疆域，給人寧靜幽深之美感。山因水活，水隨山轉，山水相依，相得益彰。「問渠哪得清如許？爲有源頭活水來。」無源之水，必成死水，這是中國園林的大忌。

承德避暑山莊和北京圓明園正因爲水源充足，才可能建造出眾多的湖泊、

圖 3-6　北京圓明園的人工水源福海（劉朔 / 攝）

圓明園以水景取勝，其中最大的水面是東部的福海，取「福如東海」之意。福海寬六百多公尺，海的中央有三個以橋樑連在一起的大小不同的方形島。

溪流景觀。然而要找到活水談何容易，因此在造園時必先設置一處人工水源，鑿池堆山，改造地形，製造人工水面<sup></sup>(圖 3-6)。這就是所謂理水，也就是對園林中的水景進行處理。理水與疊山同樣重要，都是中國造園的傳統藝術手法。

中國園林中的水可以分為靜水和動水兩大類。靜水是指園林中成片彙集的水面，常以湖泊、池塘等形式出現。靜水能反映出周圍景物的倒影，如新綠、晴空、紅葉、雪景等，五彩繽紛，美不勝收；

圖 3-7 杭州西湖蘇堤（謝光輝／攝）

蘇堤是一條貫穿西湖南北風景區的林蔭大堤，南起南屏山麓，北到棲霞嶺下，全長近三千公尺，堤寬平均三十六公尺，將大面積的水面加以分割，以增加層次感。蘇堤春曉為西湖十景之首。

67

在風的吹拂下，則波光粼粼，浪花朵朵，令人浮想聯翩，遐思無限。靜水若以水面的大小來劃分，主要有以下幾種形式。

　　湖泊：這是大型園林中常用的理水方式，往往在建造園林時借用原有的地形、河道，因勢而起，如北京頤和園的昆明湖和杭州的西湖就是如此。這類水體因面積較大，為了增加層次感，多加以分割。故頤和園有東堤、西堤之分，西湖有白堤、蘇堤（圖3-7）之別。與此同時，往往以安排島嶼、佈置建築的手法，增加曲折深遠的層次，形成一種離心和擴散的格局。以大水面包圍建築物，是中國園林中構成水景開敞空間的常用手法，如西湖的平湖秋月、三潭印月等，都是大水面環抱建築，並以水景而得名。在如此大型的水景中極目遠眺，水天一色，上下相連，使人頓生空間無限之感，

圖 3-8　蘇州網師園
（慧眼／攝）

網師園全園佔地八畝
多，是中國江南中
小型古典園林的代表
作。網師園佈局精
巧，結構緊湊，以建
築精巧和空間尺度比
例協調而著稱。

加之水面上陰晴雨霧的變化，更可激發觀賞者的各種想像。同時，對於開闊水面的處理，造園家常常以添景、借景的手法加強景深和層次的感染力。比如頤和園的昆明湖東南岸，近則以柳絲添景，遠則借西山玉泉山景，眞是匠心獨運，令人叫絕。

　　**池塘**：大型水面固然可以使人產生浩渺的空間感，但是在中國園林，尤其是江南私家園林中，由於用地規模不大，水體自然只能以池塘的形式爲主了。這類池塘大者數畝有餘，小者一席見方，雖然沒有湖泊的浩瀚，卻可以小中見大，以少勝多，這同樣是中國園林理水的常見手法。如蘇州網師園（圖 3-8）內的池塘面積僅二十公尺見方，但由於水池周圍築有回廊、水榭，植以垂柳、碧桃，清池倒影，也自有妙境。

圖 3-9　北京香山公園的見心齋（王瓊／攝）

見心齋建於明代嘉靖年間（1522—1566），清嘉慶年
間（1796—1820）重修，是皇帝訓誡臣屬的地方。建
築佔地六畝，亭、台、廊、榭佈局精巧別緻，有江
南園林風格。

　　這類園林常常以池塘爲中心，沿池塘四周環列建築，從而形成一種向
心、內聚的格局。這種方式在北方的皇家園林中有較多的運用，如香山公
園見心齋（圖 3-9）根據自然地形做成不對稱的半圓形池塘。池岸隨曲就方，
剛柔相濟，又以圓形水廊環抱。由於採用這種佈局形式常可使有限的空間
具有開闊的感覺，所以更加適合於小型園林。至於池塘本身的形狀，最忌
諱規整的幾何圖形，應盡可能採用不規則的形式，池岸也應該曲折起伏，
如蘇州寄暢園、網師園、鶴園和頤和園中的諧趣園等。

　　水潭：造園家往往在一個園林的中心位置留出一塊水面，邊角附著一

圖 3-10　上海南翔古漪園的水潭（黃源／攝）

古漪園以綠竹依依、曲水幽靜、建築典雅、韻味雋
永的楹聯詩詞以及優美的花石小路等五大特色聞
名。獨到精巧的藝術構思，使古漪園更顯出古樸、
素雅、清淡、洗練的氣韻。

兩個小水潭。這種水面的佈置主要有心字形、雲形、水字形、流水形和葫
蘆形五種基本形態。這種小水面在江南私家園林中有較多的應用，如蘇州
的網師園、獅子林，上海南翔的古漪園（圖 3-10）等。大片的水面可以栽植荷
花、睡蓮、藻類等觀賞植物，以再現林野荷塘的景色。較小的水面則只適
宜放養觀賞魚類，再配以小橋、小亭，可以使園水覽之有物，妙趣橫生。

　　另一大類是動水，也稱流水，是指帶狀流動的水面。它既有狹長曲折
的形狀，又有寬窄高低的變化，還有深遠的效果。流水叮咚，波光瀲瀲，
令人目眩。最常見的動水有：

圖3-11　濟南的趵突泉(劉軍／攝)

趵突泉是以泉爲主的特色園林。該泉位居濟南七十二名泉之首,被譽爲「天下第一泉」,也是最早見於古代文獻的濟南名泉。趵突泉是泉城濟南的象徵與標誌,與千佛山、大明湖並稱爲濟南三大名勝。

圖3-12　杭州的「九溪十八澗」局部(任鯨／攝)

「九溪十八澗」位於西湖西面的群山中,發源於龍井村與楊梅嶺,蜿蜒曲折流入錢塘江。途中匯合了青灣、宏法、方家、佛石、百丈、唐家、小康、雲棲、渚頭的溪流,故稱九溪。溪水一路上穿越青山翠谷,又彙集了無數細流,所以稱「九溪十八澗」。

　　**泉瀑**：泉爲地下湧出的水，瀑是斷崖跌落的水，中國園林常常把水源做成兩種形式：或爲天然泉水，如濟南的趵突泉（圖 3-11）；或爲人工水源。泉源的處理，一般都做成石洞之類的形狀，看上去幽暗深邃，似有泉湧。瀑布有線狀、簾狀、分流、疊落等形式，通常的做法是將山石疊高，地下挖池做潭，水從高處飛流直下，擊石噴濺，有聲有色。

　　**溪澗**：溪澗是泉瀑之水從山間流出的一種動態水景，水流一般都會彎彎曲曲，以顯示其源遠流長，綿延不絕。溪澗多用自然石岸，兩岸樹木掩映，呈現出山水相依的景象，如杭州的九溪十八澗（圖 3-12）。有時造成河床礫石暴露，流水激湍有聲，如無錫寄暢園的八音澗。曲水也是溪澗的一種，如浙江紹興蘭亭的曲水流觴（圖 3-13），文人雅士坐在水渠兩旁，在上游放置

圖 3-13　浙江紹興蘭亭的「曲水流觴」(蒙嘉林 / 攝)

所謂的「曲水流觴」，就是遊樂者引水環曲成渠，曰「曲水」；然後將盛酒的「觴」浮於水面，使之順流漂下。當杯子緩緩經過賓客面前時，即可取過一飲而盡，然後吟詩作賦，以爲娛樂。

酒杯，任其順流而下，杯停在誰面前，誰即取飲，彼此相樂。北京潭柘寺行宮院內的流杯亭（圖 3-14），在亭子中的地面上鑿出彎曲成圖案的石槽，讓水緩緩流過，別有一番情趣。

河流：河流水面如帶，水流平緩，在中國園林中常常用狹長的水池來代表，使景色富有變化。河流可長可短，可直可彎，有寬有窄，有收有放。河流多用土岸，配植適當的植物；也可造假山插入水中形成「峽谷」，顯出山勢峻峭。縱向看，頗能增加風景的幽深感和層次感。例如北京頤和園的後湖、揚州的瘦西湖（圖 3-15）等就是如此。

圖 3-14　北京潭柘寺行宮院內的流杯亭（聶鳴／攝）

亭內用漢白玉鋪地，石面上刻有一條彎曲盤旋的石槽，圖案十分奇特：從南向北看像龍頭，從北向南看則像虎頭。水從亭外東側的一個漢白玉雕的龍頭口中流出，沿引水石槽從東側入亭，幾經盤旋之後，從西側流出。

圖 3-15　揚州瘦西湖（陽光遊子／攝）

瘦西湖清瘦狹長，水面長約四公里，寬不及一百公尺。它
原是縱橫交錯的河流，歷次經營溝通，運用中國造園藝術
的特點，因地制宜地建造了很多風景建築。瘦西湖猶如一
幅山水畫卷，既有天然景色，又有揚州的獨特風格，是國
內著名的風景區之一。

## ▍建築

　　園林建築不同於一般建築，它是園林的重要組成部分。無論是皇家園林、私家園林，還是寺廟園林，都有一定數量的園林建築。無論是天然山水園，還是人工山水園，就園林的總體而言，一般都以山水風景為主，建築只為觀賞風景和點綴風景而設置，以形成富有自然山水情調的園林藝術效果。園林建築除了滿足遊人遮陽避雨、駐足休息、林泉起居等多方面的實用要求外，總是與山水、花木、動物等密切結合，組成風景畫面（圖 3-16）。但從局部來看，建築往往是景觀的重點所在，有時還起著園林中心景觀的作用。甚至有人把建築比作中國園林的「眼睛」，意思就像人一樣，有了眼睛才有神采。

　　中國園林中的建築形式多種多樣，主要有廳、堂、樓、閣、館、軒、齋、榭、舫、亭、廊、橋、牆、塔等。

　　**廳**：通常是園林的主體建築，也是全園佈局的中心，其特點是造型高大，空間寬敞，裝修精美，陳設富麗。廳的功能是滿足會客、宴請、觀賞花木或欣賞小型表演需求。一般的廳都是前後開窗設門，但也有四面都開

圖 3-16　廣東順德清暉園澄漪亭和六角亭(封小莉/攝)

特色的嶺南建築與池中的蓮花交相呼應。整個園林以盡顯嶺南
庭院雅緻古樸的風格而著稱，利用碧水、綠樹、漏窗、石山、
小橋、曲廊等與亭台樓閣交互融合，顯得清雅優美。

落地門窗的，稱為四面廳，以方便觀賞周圍景物。如蘇州拙政園的遠香堂
就是典型的四面廳，其廳位於中部水池南面，四周落地長窗鏤空，環顧四
面景物，猶如觀賞長幅畫卷。

　　堂：往往位於建築群的中軸線上，規制嚴整，裝修華麗，正面開設門窗，

圖 3-17　上海豫園點春堂
內景（陳東東 / 攝）

堂內雕樑畫棟，工藝精
細，古樸寬敞。點春堂上
的金字大匾，筆法蒼勁，
剛柔並濟。朱紅大柱、宏
大斗拱和深遠的出簷，均
給人雄壯有力的直感。

封閉院落佈局。一般來說，不同的堂具有不同的功能，比如北京頤和園的
樂壽堂是慈禧太后會見朝廷官吏議事的地方。上海豫園的三穗堂用於會客，
點春堂（圖 3-17）用於宴請、觀戲，玉華堂則是書房。

　　**樓**：樓是兩層以上的屋，其位置大多在廳堂之後，在園林中一般用作
臥室、書房或用來觀賞風景。由於樓高，常常成為園中一景。

　　**閣**：與樓近似，但較小巧，形體比樓更通透。平面為方形或多邊形，
多為兩層的建築，四面開窗。一般用來藏書、觀景，或供遊人休息品茶，
也用來供奉巨型佛像。

　　**館**：可供宴請賓客之用，其體量有大有小，與廳堂稍有區別。大型的館，
如留園的五峰仙館等，實際上是主廳堂。館有時也置於次要位置，以作為
觀賞性的小建築，如留園的清風池館。

　　**軒**：建在較高地點的小屋或帶窗戶的長廊。但不少園林中的軒並不在
高處，而是一座有較好環境的廳堂，例如蘇州網師園的看松讀畫軒，拙政

圖 3-18　北京北海的靜心齋（阿酷供圖）

靜心齋位於北海西北岸，是北海公園最大的一處「園中園」。
靜心齋原名鏡清齋，創建於清乾隆二十年（1755）前後，是
皇太子的書齋。清末，慈禧對這裏進行大規模擴建、修繕，
1913 年改名為靜心齋。

園的聽雨軒等。在園林建築中，軒這種形式是一種點綴性的建築，雖然不
是主體，但也要有一定的視覺感染力，可以看作是引景之物。如網師園中
的竹外一枝軒，可謂引人入勝。拙政園中的與誰同坐軒，是一座扇形的建
築，形象生動、別緻。

　　齋：供讀書用，環境隱蔽清幽，盡可能避開園林中主要的遊覽路線。齋
的建築式樣較簡樸，常附以小院，種植梧桐、芭蕉等樹木花卉，以創造一種
清靜、淡泊的情趣。比如北海公園的靜心齋<sup>（圖 3-18）</sup>，是園中保存最完整、最
幽美的一處小園，曾經作為乾隆皇帝的書齋，有「乾隆小花園」之稱。

圖 3-19　蘇州網師園中的「濯纓水閣」（慧眼／攝）

「濯纓水閣」取《楚辭・漁父》「滄浪之水清兮」之意而得名，表示避世隱居、清高自守之意。

　　　　榭：一般是臨水而建的，所以又稱水榭。通常是在水邊築平台，平台周圍有矮欄杆，屋頂通常用卷棚歇山式，簷角低平，顯得十分簡潔大方。榭的功用以觀賞為主，又可作休息的場所。榭都是小巧玲瓏、精緻開敞的建築，而且多設於水的南岸。如蘇州網師園中的濯纓水閣（圖 3-19），蘇州怡園中的藕香榭（圖 3-20）等，都是朝北的。這是因為水榭在南，水面在北，所

圖 3-20　蘇州怡園中的「藕香榭」(樹莓／攝)

「藕香榭」是怡園中的主要廳堂,為一座鴛鴦廳式的四面廳。北臨池水,南向庭院,右為小橋流水,左右有亭軒洞壑,由此可至西部各景區。

圖 3-21　蘇州獅子林的石舫(聶鳴／攝)

這是仿真石船,尾艙兩層,上層通平台,遊人可到此眺望遠景。整個造型酷似現實中的畫舫,但它又明顯帶有佛教普度眾生的寓意。

見之景向陽而富於美感;反之則水面反射陽光,觀之刺眼,很殺風景。

　　舫:水邊或水中的船形建築,前後分作三段,前艙較高,中艙略低,後艙建兩層樓房,供登高遠眺。但是舫這種建築在中國園林中具有特殊的意義,它表示園主隱逸江湖,不想過問政治。舫在不同場合也有不同的含意,如蘇州的獅子林,本是佛寺的後花園,所以其中的舫含有普度眾生之意(圖 3-21)。中國古人相信「水可載舟,亦可覆舟」,而頤和園中的

圖 3-22　北京頤和園中的石舫（tictoc912/ 攝）

這個石舫在頤和園萬壽山西麓岸邊，建於清乾隆二十年
（1755）。船體用巨石雕成，長三十六公尺，在英法聯軍入侵時，
舫上的中式艙樓被焚毀。光緒十九年（1893），按慈禧意圖，
將原來的中式艙樓改建成西式艙樓，並取名清晏舫。

石舫（圖 3-22），由於永遠傾覆不了，所以含有江山永固之意。

　　亭：中國許多園林都有亭。亭的特徵是有頂而無牆，只以亭柱做支撐。
它供遊人休息、觀景，而它本身又成為可供觀賞的景點。不僅如此，亭在
園景中還往往是個亮點，能起到畫龍點睛的作用。如蘇州拙政園水池中的
荷風四面亭，四周水面空闊，在此形成視覺焦點。又如滄浪亭，位於假山

圖 3-23　北京頤和園長廊（王遠／攝）

此長廊全長七百二十八公尺，共二百七十三間，是一條五
光十色的畫廊，廊間的每根枋梁上都繪有彩畫，共一萬
四千餘幅，色彩鮮明，富麗堂皇。它因長度和豐富的彩畫
在 1990 年就被收入了《吉尼斯世界紀錄大全》。

之上，形成全園的中心，形象顯豁，甚為可觀。

　　廊：獨立而有頂的通道，有的還設欄杆。廊在中國園林中被廣泛使用，它可以避雨雪遮太陽，供遊人往來廊中觀賞園景，所以又稱為遊廊。在中國園林中，最有名的廊當屬頤和園中的長廊（圖 3-23）。該長廊全長七百二十八公尺，共二百七十三間，沿著長廊看山賞水，美不勝收，令人神往。1990 年，長廊因建築形式獨特、繪畫豐富多彩，被評為世界上最長的畫廊。

圖 3-25　上海豫園的龍牆（聶鳴／攝）

豫園的圍牆，頂上飾以龍頭，並用瓦片組成鱗狀，象徵龍身，牆頂起伏蜿蜒，狀如遊龍。龍牆把園林三十多畝的地方分隔成不同的景區，以虛隔做障景，似隔非隔透出園林豐富的景層，成爲豫園一大特色。

圖 3-24　北京頤和園西堤的玉帶橋（阿酷供圖）

此橋因橋形如玉帶而得名。玉帶橋爲清乾隆時建造，距今已有二百多年的歷史。據說乾隆皇帝每次去西山必從此橋經過，不僅因爲這座橋交通方便，還因爲它造型玲瓏秀美。現在，橋頭還留有乾隆皇帝的御題。

　　橋：由於水是中國園林的命脈，所以因水架橋便成爲不可或缺的景觀。中國園林中的橋，有石製的，有竹製的，也有木製的，造型優美奇特。其中有可直可曲、簡樸雅致的平橋，曲線圓潤、富有動感的拱橋，避雨遮陽、變化多端的亭橋和廊橋。著名的頤和園玉帶橋（圖 3-24），位於昆明湖西堤上，橋拱高聳，呈曲線型，橋身、橋欄用青白石和漢白玉雕砌，看上去宛若玉帶，故得此名。

　　牆：中國的園林都有圍牆，且極富民族特色。比如上海豫園蜿蜒起伏的龍牆（圖 3-25），猶如長龍圍院，頗有氣派。

　　塔：塔在中國園林特別是寺廟園林中具有舉足輕重的地位。塔原本是
重要的佛教建築，在中國園林中往往成爲構景中心或借景對象。塔的體形
高聳，形象突出，不僅豐富了園林的立體構圖，而且裝點了風景名勝。著
名的有西安的大雁塔（圖 3-26），杭州的雷峰塔（圖 3-27），蘇州的虎丘塔等。

圖 3-26　西安大慈恩寺中的大雁塔
（王粉娟／攝）

大雁塔高六十四·五一七公尺，底層
邊長二十五公尺，塔身呈方形角錐
體，坐落在面積長四十八·五公尺、
寬四十二·五公尺、高四·二公尺的方
形磚台上，整個建築氣魄宏大，格
調莊嚴古樸，造型簡潔穩重，比例
協調適度，是唐代建築藝術的傑作。

圖 3-27　杭州西湖中的雷峰塔（謝光輝／攝）

舊塔已於 1924 年倒塌，2002 年完成重建。
雷峰新塔建在遺址之上，保留了舊塔被燒
毀之前的樓閣式結構，完全採用了南宋初
年重修時的風格、設計和規格建造。這座
塔兼具遺址文物保護罩的功能，新塔通高
七十一·六七九公尺。

87

## ▌ 花木

中國有句俗話：「人配衣服馬配鞍。」意思是任何事物都要有科學合理的搭配才能產生好的效果。在山美、水美、建築美的園林之中，不能沒有花草樹木的映襯。實際上，園林的「林」字指的就是花草樹木，沒有花草樹木的園林只能是一座死園。

園林中的花木具有觀賞、組景、分割空間、裝飾、庇蔭、防護、改善環境、清潔空氣等多種功能。中國園林傳統的花木造景是運用喬木、灌木、藤本、草花、地被植物及草皮等，通過設計、選材、配置，發揮植物本身形體、線條、色彩等自然美，配置成一幅幅美麗動人的畫面，形成多樣景觀（圖 3-28）。花木經過造園家的巧妙配置，不僅會令人感到賞心悅目，而且

圖 3-28　江蘇蘇州網師園內的傳統雕刻窗花外的玉蘭花（謝光輝／攝）

玉蘭花外形極像蓮花，盛開時，花瓣展向四方，使庭院青紅片片，紅光耀眼，具有很高的觀賞價值；再加上清香陣陣，沁人心脾，實為美化庭院之理想花卉。又因其植株高大，開花位置較高，迎風搖曳，神采奕奕，宛若天女散花，與窗以及窗外的景物渾然一體。

圖 3-29　蘇州獅子林燕譽堂木雕格
窗外的蠟梅（王敏／攝）

迎春的梅花紛紛綻放，爲古典園林
增添了一道美景，顯得生機勃勃，
春意盎然。

可以陶冶人的情操，昇華人的精神境界。

　　中國園林的花木造景受氣候條件影響很大：南方氣候炎熱，在樹種選
擇上以遮陽目的爲主；而北方地區夏季炎熱，需要遮陰，冬季寒冷，需要
陽光，在樹種選擇上則以落葉樹種爲主。造園家還往往借助自然氣象的變
化和植物的生物學特性，創造春、夏、秋、冬四季不同的景觀效果。如春

圖 3-30　江蘇揚州瘦西湖畔的桃花（王代偉／攝）

每年陽春三月，揚州瘦西湖畔桃紅柳綠，桃花映襯湖水
顯得格外美麗。瘦西湖畔的桃花大都是人工培育了多年
的碧桃，這種桃花比一般的桃花開得晚，但花期更長，
而且花瓣層層疊疊，色彩多種多樣。甚至一株桃樹上開
出兩種顏色的花，更是令人叫絕。

季山花爛漫，夏季荷花映日，秋季碩果滿園，冬季蠟梅飄香等。

　　中國園林的花木栽植，特別講究因地制宜。如蠟梅（圖 3-29）植於粉牆前，
投影於牆，堪稱天然水墨古梅圖；池邊種桃（圖 3-30）柳，桃紅柳綠映入水中，
若隱若現的倒影，襯托藍天白雲，其景妙趣橫生；山坡上以松柏類常綠針
葉樹為主體，以銀杏、槭樹、竹子等為襯托，並雜以杜鵑、梔子等開花灌木，
以豐富山林景觀的層次和色彩；溪谷水邊，配植垂柳、水竹、蘆荻等植物，

91

圖 3-31　海南海口五公祠古蓮池（黃瓊／攝）

海口五公祠紀念的是唐宋兩代被貶職而來海南的五位名臣：李德
裕、李綱、趙鼎、李光、胡銓。祠內古蓮池素有盛名，每值冬日，
蓮花盛開，滿池嫣紅，美不勝收，不僅帶來了春天的氣息，而且寄
寓著古代英烈的赤膽忠心和高潔品行，因此令人遐思。

以豐富水岸景色；池塘中適量種植荷花、睡蓮（圖 3-31）、浮萍等水生植物，
以點綴水景；庭院中配植梅花、海棠、玉蘭、芭蕉、竹子、紫薇、桂花等
花木，做到四時有花；花架回廊可配植紫藤、薔薇、葡萄等；建築物牆壁
植爬山虎、常春藤之類，以達到垂直綠化之功效。總之，按照不同的地理
位置，做到配置有方，各得其所。

　　與此同時，中國園林在用植物造景時還特別注意植物香味和聲音的運
用，如梅花之暗香、荷花之清香、蘭花之幽香、桂花之濃香等，以滿足人
們不同的嗅覺需求。在庭園中配植幾叢芭蕉，雨中聽蕉聲，殊有雅趣；風
雨敲打蕉葉，如同山泉瀉落，令人滌蕩胸懷；細雨飄灑蕉葉，恰似珠玉彈跳，

圖 3-32　濟南大明湖的柳

水波瀲灩，垂柳婆娑，湖面上
小舟點點。柳枝掩映下，大明
湖上一派恬淡、靜美。

使人浮想聯翩。窗外植竹，窸窣作響，恍若游魚遊戲其間，妙不可言；柳絲（圖
3-32）和風絮語，彷彿一曲輕音樂，有情有色，給人纏綿溫柔的感覺；每當
風雨大作，松濤如同千軍萬馬，氣勢磅礡；風吹楊葉，嘩嘩作響，故得「響
葉」之美稱。這些園林花木的聽覺美，同樣使人回味，難以忘懷。

　　受傳統文化的影響，中國園林中常被選用的植物往往有所寓意。比如
皇家園林中往往以常青的松柏為首選，象徵著帝王長壽、江山永固。如避
暑山莊、圓明園、頤和園等，均以松柏為主。皇家園林還常常選用玉蘭、
海棠、迎春、牡丹、桂花，以象徵「玉堂春富貴」。康熙和乾隆對承德避暑
山莊七十二景的命名中，以花木為風景主題的，就有萬壑松風（圖 3-33）、梨

93

圖3-33　承德避暑山莊72景之一「萬壑松風」(賴祖銘 / 攝)

在避暑山莊松鶴齋以北，建於清康熙四十七年(1708)，是宮殿區最早的一組建築。由萬壑松風殿、鑒始齋、靜佳室、頤和書房、蓬閬咸映等建築組成，踞崗背湖，佈局靈活，具有南方園林特點。周圍古松參天，松濤陣陣，故有萬壑松風之名。

花伴月、曲水荷香、松鶴齋、採菱渡、觀蓮所、萬樹園等十八處之多。

　　私家園林在選擇花木時則更多地受文人所標榜的「古、奇、雅」格調的影響。由於松、竹、梅都具有耐人欣賞的外形風姿，不畏嚴寒、堅貞不屈的品格，且生命力旺盛，故被稱爲「歲寒三友」(圖3-34)。梅花凌寒而開，

圖 3-34 《歲寒三友圖》，宋代趙孟堅繪，
台北故宮博物院藏

圖中松、竹、梅的構思，已明確傳達出借
「歲寒三友」表達出的剛正、堅貞的氣節。
此後《歲寒三友圖》成爲畫家表達超然高潔
氣概的固定程式。

蘭花香而不豔，竹子四季常青，菊花傲霜吐香，向來被視爲有堅貞、清高
的君子之風，故有「梅、蘭、竹、菊」四君子之美稱。此外還有松柏的長壽，
海棠的嬌豔，楊柳的多姿，芭蕉的常青，芍藥的尊貴，牡丹的富華，蓮荷
的如意，蘭草的典雅，紅豆的相思，紫薇的和睦，石榴的多子，棠棣象徵
兄弟和睦，紅楓象徵老而尤紅等。總之，花木既能給人美的享受，又能引
發人美好的聯想，使中國園林更富有生機和風采。

天地一園
中國園林

④

天人合一
——哲學思想在中國園林中的體現

## ▍儒家思想與中國園林

在中國文化發展史上，儒、道、佛三家作為中國傳統文化的三駕馬車，各以其不同的特徵影響著包括園林文化在內的中國文化。其中儒家文化作為中國傳統文化的主幹，對中國園林更有著獨特的影響。

儒家主張人與自然和諧相處，宣導「天人合一」之說。在這種觀念的引導下，中國園林總是把建築、山水、植物有機地融合為一體，把亭台樓榭散置於山間水旁和花叢樹蔭，從而創造出與自然環境協調共生、天人合一的藝術綜合體。蘇州滄浪亭（圖 4-1）的楹聯「清風明月本無價，近水遠山皆有情」，表現出園主希望自己與自然融為一體的心情。這種思想的形成導致了中國人的藝術心境完全融合於自然，「崇尚自然，師法自然」也就成為中國園林所遵循的一條不可動搖的原則。小到一事一物，大到一山一河，對自然都極盡模仿之能事。如以水池象徵大湖大海，假山疊石象徵高山大嶽，從而使方丈之景也別有洞天。

在親近、模仿自然的同時，古人也積極改造自然，使之造福於人，這是對天人合一思想的另一種積極的詮釋。例如北京北海和中南海七、八百

97

圖 4-1　蘇州滄浪亭（旗飛／攝）

滄浪亭的楹聯：「清風明月本無價，近水遠山皆有情。」上聯取自歐
陽修的《滄浪亭》，下聯取自蘇舜欽的《過蘇州》，經高手連綴，妙合
無垠。清風明月這樣悠然的自然景色原本就是無價的，可遇而不可
求；眼前的流水與遠處的山巒相映生輝，別有情趣。

年的經營歷史，就是中國古代城市園林化的典範。從元代起就以金大寧宮
為核心進行規劃，引玉泉山之水經金河注入太液池。明代又引積水潭之水
充實了太液池，此後不斷拓展，形成了北、中、南三海格局。到了清代，
作為西苑的三海（圖 4-2）園林化建設更趨完美，如今北海和中南海已成為風
景如畫的大型城市園林。

圖 4-2　北京三海（西德尼·甘博／攝）

近處是中南海，遠處水面是北海。北海位於
北京城內，北海、中海、南海合稱三海。明、
清時期稱爲西苑。它是中國現存歷史悠久、
規模宏大、佈置精美的宮苑之一。

　　在儒家心目中，帝王的地位至高無上。這種思想在皇家園林中表現得
尤爲突出，比如常常採用中軸對稱、幾進院落佈局，以此體現皇權獨尊和
不可動搖的統治地位。如頤和園從後山到昆明湖有一條明顯的中軸線，而
在這條線上又有一個明顯的中心，那就是佛香閣。以佛香閣的位置、高度、
規模和體量，統帥著所有的景區和景點，這與一君率萬民是相似的。

　　儒家推崇「禮制」，講究「名位不同，禮亦異數」。園林建築的格局與用
材，也要依「禮」而定。比如爲了體現森嚴的禮制觀念，自古以來就強調「尊

者居中」，皇權至上，而園林建築中均衡佈置的中軸線就是這種觀念的具體體現。像頤和園仁壽殿建築群的中軸線，儒家重禮的傾向就得到了充分體現。避暑山莊作為現存最大的皇家園林，雖然整體上屬於自然式山水園林，但其宮殿區由於是皇帝理政的要地，所以還是採用中軸對稱、數進院落佈局，以此突出體現皇權的至高無上。在中國古代，明黃色最為尊貴，為帝王專用色，因此皇家園林均採用明黃色，而私家園林只能用黑、灰、白等色。此外，皇家園林還體現了勤政的要求，如圓明園的正大光明殿、勤政親賢殿，承德避暑山莊的澹泊敬誠殿等。

　　儒家的生活態度是積極的、入世的，強調修身、齊家、治國、平天下。

圖 4-3　蘇州滄浪亭的明道堂（樹莓 / 攝）

明道堂取「觀聽無邪，則道以明」之意作為堂名，為明、清兩代文人講學之所，也是園中最主要的建築。明道堂面闊三間，在假山、古木掩映下，顯示出莊嚴靜穆的氣氛。

圖4-4 蘇州滄浪亭中的瑤華境界（旗飛／攝）

瑤華境界是滄浪亭內明道堂南一小軒，取意為「梅花潔白如瑤玉一般，境界純潔」。「瑤華」本為傳說中的仙花，色白如玉，花香襲人，服食可長壽。「瑤華境界」四字題額清雅脫俗，催發人們的浪漫情思。

與此同時，也主張「達則兼濟天下，窮則獨善其身」。在鬱鬱不得志的情況下，辭官歸隱幾乎是他們一貫的做法。但他們並非真正的隱士，隱居只是一種無奈的選擇，他們還是夢想著有朝一日能重新得到朝廷的賞識以實現其政治理想。為了抒發這種情感，他們往往寄情於山水。

中國古典的文人園林有不少就是在這種情況下建造的，如蘇州的網師園，是清代乾隆一朝光祿寺少卿宋宗元從官場倦遊歸來修建而成，借舊址萬卷堂漁隱之名，自比漁翁，以網師命名，表示自己只適合做江河漁翁。其他如拙政園、退思園等，也是如此。這些官場的失意者們，在勺園、壺園、芥子園、殘粒園等小小的園林中修身養性，一方面超凡脫俗；另一方面又借園林作為他們修身齊家的舞台。許多園林的建築名稱和景點都有其哲學內涵，如蘇州滄浪亭有明道堂（圖 4-3）、瑤華境界（圖 4-4）、見心書屋、印心石屋、仰止亭，都說明園林主人隱居而不失志，仍有抱負在胸。

儒家的比德思想也對中國園林的主題思想產生了一定的影響。所謂比

圖 4-5　清代孫溫繪《全本紅樓夢》圖冊「劉姥姥初遊瀟湘館」場景

瀟湘館中竹子最盛，翠竹象徵的是一種不屈不撓的可貴品質，高潔中帶著儒雅，含蓄裏透著活力。瀟湘館主人林黛玉號「瀟湘妃子」，正具有這種高貴而自然脫俗、婀娜而風姿綽約的魅力。

德，就是把自然界的美好事物和人的道德情操聯繫起來。在中國的古典園林中特別重視寓情於景，以物比德。不同種類的植物因其姿態、生長特性的不同，常被人們賦予獨特的個性與品格，從而表達出一定的文化特色和精神內涵。孔子說：「智者樂水，仁者樂山。」在儒家看來，水總在不停地流動，湧向遠方或滲入大地，山則不論什麼情況下都不動搖，這正是追求

知識和道德的人應該效法的。在中國園林四大要素中，疊山、理水的手法與這種觀念不無關係。自古以來，人們就把竹子（圖 4-5）隱喻爲一種虛心、有節、挺拔凌雲、不畏霜寒、隨遇而安的品格精神，把它看作是品德美、精神美和人格美的一種象徵。

除此之外，勁松長綠不謝，寒梅傲霜鬥雪，夏蓮出淤泥而不染，等等，

都顯示了理想的人格。所以在中國園林中多種植修竹、孤松、古柏、春蘭、夏荷、秋菊、蠟梅等寓意高雅的植物。精心配置的花木，再配以寓意深刻的楹聯匾額，往往使人產生無限遐思和美妙想像，為園林增添了非凡的自然魅力和人文魅力。

在中國古代，士人所信奉的儒家理念強調以人為本，以道德情感代替宗教信仰。以此來觀照中國的寺廟園林，便可看出其中蘊含了一種以人為本的實用理性，體現出一種深遠、樂觀甚至喜慶、祥和的氛圍。中國寺廟園林的一大功能是供眾人遊賞，這就大大超出了宗教範圍。在中國皇家園林中，寺廟除了具有宗教和政治功能之外，還兼有審美意義和景觀構圖的功能，塔剎、樓閣等都成為構圖的要素。比如頤和園的佛香閣、北海公園瓊華島上的白塔（圖 4-6）等，全都經過了精心的景觀學處理。在儒家理念的影響下，中國的寺廟園林，已經完全融入了世俗生活。

圖 4-6　北京北海公園的白塔（阿酷供圖）

白塔位於瓊島之巔，塔高三十五·九公尺，下承折角式須彌座，座上為覆缽式塔身。整個永安寺從山門至白塔，層層升高，上下串聯，構成瓊島景區的中軸線，給人層出不窮、壯麗宏闊之感。

## ▌道家思想與中國園林

在世界三大造園體系中，中國以自然風景式園林獨樹一幟，其風格就是道家學派所主張的取法自然。

取法自然在園林藝術中包含兩層內容：一是總體佈局、組合要合乎自然。取法自然的造園思想大興於魏晉南北朝道家隱逸思想盛行的時期。由於戰爭頻繁，政局動盪，門閥制度的實行，致使中央集權瓦解，權威信仰動搖，生活在亂世之中的文人雅士苦於無法實現建功立業的人生理想，開始推崇道家的道法自然、無為而治等觀念，崇尚隱逸生活，希望在名山大川中尋求精神寄託，做到「風中雨中有聲，日中月中有影，詩中酒中有情，閒中悶中有伴」。於是自然山水便成了他們居住、休息、遊玩、觀賞的現實環境。但是，人又不可能完全實現其遊遍天下名山大川的理想，於是就在家中佈置山水花木模仿大自然。文人雅士為了時時享受山林野趣，掀起了營造自然山水園林 (圖 4-7) 的熱潮。當時的私家園林面積雖小，但佈局卻如吟詩作畫，曲折有法，以人工營造出自然界的氣象萬千與種種風情，猶如田園山野，隔絕塵囂，別有天地。這些園林，或以山石取勝，令人如置

圖 4-7　描繪晉代石崇所築金谷園的《金谷春晴圖》（聶鳴／攝）

金谷園是西晉大富豪石崇的別墅。該園規模宏大，樓台亭閣，池
沼碧波，交相輝映。再加上百花爭豔，真如仙境一般。洛陽八大
景之一的「金谷春晴」，指的就是這裏春天的美景。

身深谷幽壑之間；或以水流取勝，令人如置身碧潭清流之上；或以花木取勝，
令人如置身茂林芳叢之中。

　　因受道家取法自然思想的影響，中國園林不僅重視周邊的環境美，而
且注重與更加廣闊的大自然的親和關係，形成天人合一的理想境界。由於
建築與自然的關係是融洽的、和諧的，所以古寺應藏於深山，而不能像歐

107

圖 4-8　無錫寄暢園（聶鳴／攝）

該園屬於山麓別墅類型的園林，妙取自然，
佈局得當，體現了山林野趣、清幽古樸的
園林風貌，具有濃郁的自然山林景色。園
內登高可眺望惠山、錫山，層巒疊嶂，湖
光塔影，體現了「雖由人作，宛自天開」的
絕妙境界，是現存江南古典園林中疊山理
水的典範。

洲的古堡那樣突兀暴露。這一精神在中國園林中更為突出。一般來說，造園選址往往會受到各種條件的制約，如佔地面積有限，環境也受到已有周圍條件的影響，所以可以建園的基址多是不規則的。面對這些難以處理的地形，造園家總是遵循道家取法自然的原則，因地制宜，綜合考慮與周圍環境的協調。比如蘇州的拙政園，背面靠山，前有主人為彌補自然環境的不足而做的大水面。水面的形狀是經過設計的，沿岸曲折，配有假山疊石，把自然之景與人造之景結合起來，使得整個園林趣味橫生。再如無錫的寄暢園（圖 4-8），西靠惠山，東南靠錫山，總體佈局就抓住這個優越的自然條件，引惠山泉水做園內池水，在西、北兩面用惠山石堆砌假山，彷彿是惠山的自然延伸。近以惠山為背景，遠以東南方錫山龍光塔為借景。園的面積雖不大，但山外有山，樓外有樓，園林與所處的自然環境巧妙地融合在了一起。

　　中國古代的私家園林因受道家思想的影響，力求擺脫傳統禮教的束縛，主張返璞歸真，力圖使人工美與自然美相互配合，相得益彰。其建築不追求皇家園林的那種軸線對稱，沒有任何規則可循。山環水抱，曲折蜿蜒，不僅花草樹木一任自然原貌，即使人工建築也儘量順應自然，使建築、山水、植物有機地融合為一體，以達到「雖由人作，宛若天開」的境界。這就要求園林要在有限的地域內創造出無窮的意境，而要達到這個目的，顯然不能把自然山水照搬過來，而必須通過空間的調整進行再創造。在造園活動中，虛實空間的變化與小中見大，是中國園林在這方面的兩大特色。

　　中國古代園林的各個構成要素本身就有虛實的變化：山為實，水為虛；敞軒、涼亭、回廊則亦實亦虛。蘇州拙政園中的倒影樓和塔影亭都是以影來命名的景點。塔影亭建於池心，為橘紅色八角亭，亭影倒映水中恰似一座塔。蔚藍色的天空，明麗的日光，蕩漾的綠波，鮮嫩的浮萍和紅色的塔影組合成一幅美麗的畫面，給人美的享受。這種巧妙的虛實組合的借景手

圖 4-9　四川新都的桂湖
（劉筱林／攝）

桂湖號稱「天府第一湖」。
公園的總體設計，突出了
「桂」和「湖」這兩個主題。
其建築佈局、景點設置與
升庵桂湖的風格相協調，
與新都古城牆及高踞牆上
的城樓等景觀相呼應。同
時採用強烈的虛實對比和
疏密對比手法，形成了特
有的園林風格。

法，增加了層次，豐富了園景，從而達到了拓展空間的目的。

　　虛實相應的空間處理，同時形成了中國園林的另一特徵：小中見大。在空間處理上，經常採用含蓄、掩藏、曲折、暗示、錯覺等手法，並巧妙運用時間、空間的感知性，使人感覺景外有景，園外有園，從而達到小中見大的效果。如四川新都的桂湖（圖4-9），號稱「天府第一湖」。它原是明代名士楊慎年輕時的寓所，因湖堤種植桂樹而得名。園子佔地面積並不大，空間基本處於半封閉狀態。但在狹長的空間地帶挖土成湖，湖中種荷，湖堤植桂，桂花飄香，荷葉田田，把無邊的風月融入了一湖清水之中，

使人心曠神怡，情意蕩漾，彷彿置身於野外，而忘卻身處的只是咫尺之園。廣州的蘭圃（圖 4-10）面積雖小，但植物景觀豐富，上有古木參天，下有小喬木、灌木和草地，中層還有附生植物和藤蘿，使人在遊覽時猶如身臨山野，感受到的空間比實際的大得多。

除了取法自然、虛實相生，道家的隱逸思想也深深地滲入了園林之中。「濠濮間想」是中國古代哲學史上極為有名的兩個典故。《莊子‧秋水》中說，有一次，莊子與好友惠子在安徽省鳳陽縣的濠水邊遊觀，莊子指著水中的游魚對惠子說：「魚從容自在地游水，這是魚的快樂啊！」惠子說：「你不是魚，怎麼知道魚快樂呢？」莊子反問道：「你不是我，怎

圖 4-10　廣州的蘭圃（局部）（金弦／攝）

蘭圃是一個以栽培蘭花為主的專業性園圃，是一個地處繁忙、喧鬧的鬧市裏的綠洲。它雖面積不大，卻集清靈、秀雅、寧靜與精巧於一身，是一個絕對值得細細遊賞的好地方。

圖4-11　北京北海的濠濮間（阿酷供圖）

濠濮間之名取自莊子在濠水觀魚和在濮水垂釣的典故。濠濮間位於北海公園內東岸小土山北端，是北海的園中園之一，四面古松蔥鬱、遮天蔽日，曲橋、水池、山石、遊廊，迴旋於咫尺之間，景色幽邃，清雅別緻，很有特色。

麼知道我不知道魚快樂呢？」還有一次，莊子在山東與河南交界的濮水垂釣，楚王派了兩個大夫去見他，要把國家大事委託給莊子。莊子手執釣竿，頭也不回地說：「我聽說楚國有個神龜，已經死了三千多年了，楚王還用錦緞把牠包好，放在箱子裏，珍藏在廟堂之中。這隻神龜願意死後留下來被珍視呢？還是寧願拖著尾巴在泥濘裏自由自在地活著呢？」兩個大夫說牠寧願在泥濘裏活著。莊子說：「你們走吧！我將在泥濘裏遊戲自樂。」這兩個典故表達了隱士退隱林下、自得其樂的情懷。中國古代的造園家把它引用過來，藉以表達他們的理想和情操。如無錫的寄暢園有知魚檻，蘇州留園有濠濮亭。即便是北方的皇家園林，也有象徵隱逸之所，如圓明園有魚躍鳶飛，北海有濠濮間（圖4-11），承德避暑山莊有濠濮間想、石磯觀魚等景點。

## ▌ 佛教思想與中國園林

　　佛教思想對中國園林的影響，不僅在於形成了一種園林類型——寺廟園林，更在於佛教最主要的宗派——禪宗對中國園林藝術的興發。

　　禪宗的基本觀念在於放棄傳統的宗教儀式，發展了一套自心覺悟的解脫方法，即通過直覺觀察、沉思冥想、瞬間頓悟，達到梵我合一、物我交融的境界——成佛。同時，禪宗還宣揚以追求自我精神解脫為核心的適意人生哲學以及自然淡泊、清靜高雅的生活情趣。一方面，禪宗奉勸人們要達到一種完全平靜安詳的精神境界；另一方面，禪宗信徒又置身於現實社會之中，這與他們心即是佛的與世無爭的信仰產生了矛盾。為解決現實與信仰的矛盾，他們或遊山玩水，或種花造園，通過感受自然來領悟生活的真諦。園林為他們提供了尋求寂靜冥想的場所，便於在一丘一壑、一花一草之中發現永恆，引起禪思。禪宗認為，生活在園林中，既求得了精神的解脫，又達到了皈依佛教的目的。

　　在佛教思想影響下形成的寺廟園林，選址一般為有山有水風景優美的地方。「自古名山僧佔多」，就是對寺廟園林選址的規律性總結。但僧家絕

113

圖 4-12　浙江杭州靈隱寺照壁（王瓊／攝）

照壁位於靈隱與天竺分道處，黃牆黛瓦、
古色古香。它是靈隱寺的山門，呈弧形。
照壁的主色調是淡雅的黃色，上面刻有「咫
尺西天」，意思是只差一步就到西天極樂世
界了。

不是簡單地為求清淨、不被干擾才這麼做。禪宗排除人為造作，講究順應
本心的適意人生哲學，任他世態萬變，人情沉浮，一定要做到清淨本心，
毫無牽掛，一如清風、白雲、青山、綠水般自然圓潤。

　　受佛教思想的影響，中國寺廟園林中的色彩更傾向於素雅、恬淡、幽
遠（圖 4-12），而不刻意追求五彩斑斕的亮麗色彩，這是因為，中國古人認為
華美容易使人浮躁多欲，淡美卻能使人清心寡欲，因而淡雅的環境氛圍更
適合禪意的表達。無論是歷史資料的記載，還是現存的寺廟園林，其山水、
建築、植物等都色彩素雅，猶如水墨畫一般。粉牆灰瓦、翠竹蒼松、青苔
白蓮，這類恬淡色彩要遠遠多於其他色彩。蘇州寒山寺的園林景色就是如

圖 4-13　蘇州寒山寺大門前的照壁（蒙嘉林 /
攝）

它像一道屏障聳立於山門之前，朝西臨河而
立，上置脊簷，飾有遊龍，氣勢非凡。黃牆
上嵌有三方青石，上刻「寒山寺」三字，這
是寒山寺醒目的標誌，也是該寺的第一道勝
景。

此：門前有一照壁（圖 4-13），上書「寒山寺」。寺有月洞門，正好對著白牆灰瓦、
明淨素雅的六角鐘樓（圖 4-14）。鐘樓四周點綴著稀落的紅楓、綠樹。整個建
築色調為灰、白色，極少使用彩繪。房屋外部的木構部分用褐、黑、墨綠
等顏色，與白牆、灰瓦相結合，色彩素雅明淨，與自然的山、水、樹木等
協調，給人幽雅寧靜的感覺。

　　另一方面，精通禪理的文人士大夫所造之園，深刻地影響到江南園林
的造園風格、設計手法和藝術境界。禪宗對有限與無限的自然空間的體驗，
打破了小環境與大自然的根本界限，為園林這種空間有限的自然山水藝術
提供了審美體驗的無限可能性。所以，和北方皇家園林的龐大、莊重、規

圖 4-15　蘇州留園的花窗
（吳棣飛／攝）

留園內既有以山石花木為
主的自然山水空間，也有
各式各樣以建築為主或者
建築、山水相間的大小空
間──庭院、庭園、天井
等。園林空間之豐富，空
間處理之妙絕，為江南諸
園之冠。

圖 4-14　蘇州寒山寺的鐘
樓（郎琦／攝）

這是一座六角形重簷亭
閣，造型輕盈，輪廓優美，
以「夜半鐘聲」而聞名遐
邇。鐘樓黃牆黛瓦，十分
古樸。

則截然不同，江南的私家園林處處隱現出江南文人
的禪趣。這種風格就是以小為尚，小中見大。這種
小，不僅表現在面積和規模上，還表現在主題和空
間分割上，確實讓人感到小中有大，小得精緻。這
才出現了如一畝園、勺園、半畝園、壺園等一批小
中精品。以蘇州留園（圖 4-15）為例，其空間處理之妙
令人歎為觀止。或從鶴所進園，經五峰仙館、清風
館、曲黔樓到中部山池；或從園門曲折而入，過曲

圖 4-16　江蘇蘇州網師園的月到風來亭 (慧眼／攝)

月到風來亭位於網師園內彩霞池西，為網師園中部著名景點。名字取意於宋人邵雍的詩句「月到天心處，風來水面時」。亭子依西岸水涯而建，三面環水。亭內正中懸一大鏡，每到明月初上，可以看見水中、鏡中、天上三個明亮的圓月，獨成奇景。

黔樓，經五峰仙館而進東園，其空間大小、明暗、開合和高低參差對比，都能形成有節奏的空間聯繫，有起有落，令人百看不厭。當人們飽覽了池山風光和庭院景致之後，轉入庭後回廊，似乎已經山窮水盡，但在北部卻有一個月洞門，上刻「又一村」，真是別有洞天，從而形成了「庭院深深深

幾許」的藝術效果。再看蘇州的網師園，其面積不到九畝，總體佈局卻分為東宅、西園，保持了宅、園相通的完整風貌。園的中心有一方水池，沿池建有月到風來亭(圖 4-16)、射鴨廊、竹外一枝軒、濯纓水閣等。尺度雖小，卻輕巧通透，與池面的空間尺度相協調。高大的樓堂則退於樹、石、亭、榭之後，既富有景深和層次，也不至於形成對池面的壓迫感。總之，網師園面積雖小，卻有煙水瀰漫的水鄉情趣，不愧為蘇州園林中的精品。

文人士大夫還把禪宗的空靈境界融入到江南園林之中，使禪與自然之間，禪境與山水、園境之間相互融通，生活在園林中的文人士大夫也就獲得了精神的自由和靈魂的寄託與超越。自禪宗興盛以來，受文人影響的江南古典園林處處都有禪趣的滲入，處處都可發現禪的痕跡：有樹影必有粉牆，有風必有松濤，有雨必有芭蕉，有月色必有荷塘。無論是修閣建塔，疊山理水，還是種花植樹，都能在現實中構築理想的幻景，從而使禪悟與園林緊密地聯繫在一起，令人感受到不為外物所羈絆的自由心性。

當然，儒、道、佛三家的思想對中國園林的影響並不是孤立存在的，在中國文化漫長的發展過程中，三家始終相互借鑒，相互融合。也正是在它們的共同影響和作用下，才使得中國園林的內涵更加豐富，中國園林多元文化互補的特色也才得到了充分體現。

中國園林

5

引人入勝
——中國園林審美

## ▌ 園名、對聯的美學意蘊

中國園林可以說是自然美、建築美、藝術美的有機統一。無論是端莊雍容的皇家苑囿，還是精巧雅緻的私家園林，抑或是古色古香的名山寺觀，古代的造園家們都憑著高度的智慧和才華，經過藝術的剪裁和提煉，在有限的空間裏，造就出千變萬化的園林景色。那些精美的亭台樓榭、曲院回廊、假山疊石與荷池畫舫等，無不精心設置，巧妙安排，將大自然的萬千美景濃縮其中，構成一幅幅令人流連忘返的藝術畫境，使遊人「不出城郭，而享山林之美」。

中國園林的創作，和中國繪畫一樣，都注重把命名、題詠與景物的安排結合在一起。作為園林藝術的有機組成部分，那些通過門額、牌匾、石刻等形式表現出來的園名和景名，不僅恰到好處地起到了點題和深化意境的作用，使園林生出許多情趣，變得更加富有生命力，而且園名本身也狀物寫景、抒懷言志，或富含深奧哲理，或充滿詩情畫意，或含蓄蘊藉，或畫龍點睛，使人在吟賞玩味之餘，啓迪智慧，增添遊興，獲得審美的愉悅和享受。

圖 5-1　江蘇吳江同里鎮的退思園
（馬耀俊／攝）

園主任蘭生，曾任清朝兵備道。因
貪污被參，罷官歸里，花十萬兩銀
子建造宅園，取名「退思」，取《左
傳》「進思盡忠，退思補過」之意。

其實，園名最初只是一個符號標誌，便於人們稱呼而已，所以常以地名或人名代替。比如西晉的石崇在河南金谷澗的別墅叫金谷園，唐代王維的輞川別業和白居易的廬山草堂，都是這樣命名的。也有用園主人的姓氏、官職來命名的，如董氏東園、沈尚書園等。與此相對的則是以意命名，如宋代司馬光在洛陽築園，取名獨樂，有獨善其身的意思。

中國園林後來的命名，或出自典籍，或出自文人詩賦，或取漢字的諧音，都是爲了表達園主人對前代名士的仰慕或歸隱林下的志向，突出了園林的主旨情趣，同時引領遊人領悟感性風景所蘊藏的深厚內涵。如江蘇吳江同里鎮的退思園（圖 5-1），本是清朝末年兵備道任蘭生遭彈劾罷官還鄉後所建，園名退思，語出《左傳》，有退而思過之意。蘇州的拙政園，乃是明朝嘉靖年間御史王獻臣仕途失意歸隱蘇州後改建，園名拙政，取自西晉文學家潘嶽的《閒居賦》，暗喻把澆園種菜作爲自己（拙者）的政事。蘇州的耦園，前身爲涉園，出身貧寒的清末安徽巡撫沈秉成罷官後改建，易名耦園。「耦」通「偶」，含有夫婦一起歸隱之意。南京的隨園，曾爲清代江寧（今南京）織造隋赫德所有，所以命名隋園。清代詩人袁枚在任江寧知縣時，將隋園購買並重新修建，改名隨園。「隨」與「隋」諧音，同時又是造園風格和園主人爲人處世心態的反映：園內景觀無一不是隨其地勢而建，而園主人也一向隨遇而安。「隨」字涵義之深，

圖 5-2　蘇州拙政園的海棠春塢（吳棣飛／攝）

造型別緻的書卷式磚額，嵌於院之南牆。院內的兩株海棠，
初春時分繁花似錦，嬌羞如小家碧玉。庭院鋪地用青、紅、
白三色鵝卵石鑲嵌而成海棠花紋，與海棠花相呼應。庭院雖
小，清靜幽雅，是讀書休憩的理想之所。

足供後人反覆回味。

　　除以標題式的園名體現造園家的主觀意願和統領全園的創作風格之
外，中國園林中局部景點的命名則往往是景隨名出。比如徜徉於蘇州留園，
在涵碧山房賞青山綠水，在聞木樨香軒聞桂花飄香（桂花別名木樨），在清
風池館沐浴明月清風，在濠濮亭觀鳥獸禽魚……移步之間，一個個景點便
隨名而出。和諧、有序的安排，增添了園林的整體美感。再如蘇州的拙政
園，為賞早春玉蘭而設玉蘭堂，為賞仲春海棠而設海棠春塢（圖 5-2），為賞
晚春牡丹而設繡綺亭。這些名稱和周圍景色渾然一體，將遊客帶入一幅幅

123

圖 5-3 濟南大明湖鐵公祠（王代偉／攝）

鐵公祠西園門兩側鑲嵌著的一副名聯：「四面荷花三面柳，一城山色半城湖。」可以說是濟南知名度最高的一副對聯。由於它準確傳神地表現了濟南城市環境之美，所以兩百年來一直被濟南人引以爲傲。

情景交融的畫面之中。

中國園林和局部景點的命名，最重要的作用是引發遊人的形象思維，從而由物境進入審美的境界。如遠香堂、濠濮間、流杯渠，常常使人想起周敦頤的《愛蓮說》、《莊子》的魚之樂、蘭亭集宴的雅趣。至於曲徑通幽、漸入佳境、別有洞天等，都是進一步的探景，意在激起人們尋幽探勝的情趣。總之，高度凝練、概括而又深邃的園林命名，總是以其豐富雋永的美學蘊含，引領遊客進入造園家所極力表現的藝術境界之中，去領略那博大精深的中國園林文化，並獲得美的享受。

對聯是中國獨有的文學藝術形式，被大量地應用於園林之中。這些對聯既能營造出古樸、典雅的氣氛，又能烘托園景主題，給綜合審美爲特徵的中國園林增添了一道耐人尋味的文化風景線。而且對聯文辭之雋永，書法之美妙，常常令人一唱三歎，這對遊人來說無疑也是一種美的享受。

在濟南大明湖的北岸，鐵公祠西園門兩側鑲嵌著一副名聯：「四面荷花三面柳，一城山色半城湖。」（圖 5-3）這是由清代詩人劉鳳誥吟詠，大書法家鐵保書寫，被刻在石條上的。大明湖自古遍生荷花，湖畔垂柳依依，花木扶疏，湖光山色，美不勝收。這副對聯正是現實風景的最好寫照，而

圖 5-4　蘇州留園揖峰軒內對聯（黃源／攝）

「蝶欲試花猶護粉，鶯初學囀尚羞簧。」這是清代著名書畫家鄭板橋所題，意思是：蝴蝶吃花蜜的時候還會想到護著花粉，黃鶯剛學鳴叫的時候還羞於放聲歌唱。這裏表達了一種對新生事物的關愛。

且對仗工穩、平仄協調，二百多年來一直被人傳誦。蘇州留園的聞木樨香軒，位於黃石假山之上，山上桂樹叢生，八月中秋，桂花盛開，香飄四方，故取名「聞木樨香軒」。上書對聯「奇石盡含千古秀，桂花香動萬山秋」，恰到好處地點明了此處怪岩奇石、月桂飄香的迷人景象。鎮江的焦山是長江中的一個小島，山半腰有座別峰庵，小巧玲瓏，四周綠樹翠竹掩映，環境特別幽靜。庵中有兩間書齋，曾是清代著名書畫家鄭板橋的讀書處。門旁掛有鄭氏手書的一副對聯：「室雅無須大，花香不在多。」在鄭板橋看來，好的居住環境並不在於大和多，而是要有詩意。唯其如此，才能做到以雅勝大，以少勝多。這雅和少，正是文人園林的突出特點。

中國園林中的對聯（圖 5-4），雖僅隻言片語，卻意蘊雋永，對園林景觀起著烘雲托月、畫龍點睛的作用。這些對聯有的富有哲理，發人深思；有的抒發情懷，令人神往；有的切合主題，啓人心智，所以成爲園林藝術不可或缺的組成部分，也是中國園林藝術的精華之所在。

## ▌中國園林的審美意境

　　有一位哲人說：「比大海更廣闊的是天空，比天空更廣闊的是人的心靈。」心靈從有限的現象出發，展開思想的翅膀，跨越時空而達到無限，這就是意境賴以產生的基礎。中國園林藝術在審美上的最大特點，就是有意境。意境既是中國園林的內涵、傳統風格和特色的核心，也是中國園林藝術的最高境界。那麼什麼是意境呢？簡單地說，意境是一個由意與境相結合的美學範疇，也是中國古典美學的核心範疇。所謂意，就是人的思想感情，屬於主觀的範疇；所謂境，就是現實環境，屬於客觀的範疇。意境就是人在審美過程中主客觀的高度統一，是由客觀景物的誘發而在人們頭腦中產生的象外之象、景外之景。總之，意境乃是一種情景交融，神、形、情、理和諧統一的藝術境界，它能給人美的享受。

　　意境的基本特徵是：以有形表現無形，以物質表現精神，以有限表現無限，以實境表現虛境，使有限的具體形象和想像中無限豐富的形象相統一，使真實景象與它所暗示、象徵的虛境融為一體。中國園林在處理時空的問題上，與詩畫有相通之處。由於園景和詩境、畫境一樣，在美學上共

同追求境生於象外的藝術境界，因此這三者都具有以有限空間描寫無限空間的藝術創作原理。中國園林藝術，尤其是江南私家園林藝術是在有限的空間裏，以自然界的沙、石、水、土、植物、動物等爲材料，創造出無窮的自然風景的藝術景象。

園林的意境和風貌主要取決於造園家的文化素養，這也是許多名園出自文人畫家之手的原因。而著名的造園家幾乎都工於繪畫，擅長詩賦。在造園過程中，詩賦、繪畫藝術的合理運用往往能夠起到畫龍點睛的效果，這就使園林藝術和山水畫、田園詩建立了密切的關係。園林的山水佈局、建築及小品的安排，以及花木栽植，往往借用山水畫論，而風景主題的意境構思、匾額、楹聯等，又常常受到山水田園詩的啓發。這種特殊的關係使中國園林每每散發出濃濃的詩情畫意。如蘇州網師園的月到風來亭，臨水一座亭子，卻把人同自然界的月、風、水聯繫在一起，遊客身臨其境，借助豐富的聯想與想像，就有可能構成自然與人生無限廣闊的意境。再如杭州西湖的三潭印月（圖 5-5），每逢月夜，皓月當空，月光、燈光、湖光交相輝映，月影、塔影、雲影融爲一片，有說不盡的詩情畫意。因此，中國園林被譽爲「凝固的詩，立體的畫」。但園林的意境與詩、畫又有不同，詩畫的意境是借助於語言或線條、色彩構成的；而園林的意境是借助於實際景物與空間構成的。

中國歷代園林的設計者和建造者，因地制宜、別出心裁地營造了許多園林，雖然各不相同，卻有一個共同點：遊覽者無論站在園林中的哪個點上，眼前總是一幅完美的圖畫。中國園林如此講究近景遠景的層次、亭台軒榭的佈局、假山池沼的配合、花草樹木的映襯，也正是爲了營造詩情畫意的意境。而要充分領略園林入詩、入畫的意味，就不僅要熟悉中國園林的常見手法和佈局（圖 5-6），還要用心體會風景背後博大精深的文化內涵。

圖 5-5　杭州西湖的「三潭印月」黃昏圖（謝光輝／攝）

西湖三島中最大的一個島，又名三潭印月，面積六萬平方公
尺。四周是環形堤埂，島中有湖，島上建築精緻，四時花卉
扶疏，有「水上仙子」的美稱。島南湖面上有三個石塔鼎足而
立，塔高兩公尺。

圖5-6　蘇州退思園的漏窗美景（柯甘霖／攝）

退思園是一座小巧玲瓏、精美絕倫的園林。它佔地九畝八分，錯落有致地分佈著亭、台、樓、閣。其中攬勝閣是一座不規則五角形樓閣，置身其中，近觀園內景致，遠眺湖光山色，遊人足不出戶就能飽覽滿園秀色，甚至通過漏窗看外面的園子也一樣別有風致。

　　園林意境的產生，離不開具體而眞實的景物。
這些景物由建築、山石、水體、花木構成，是有形、
有限、有比例的，是給人直接感知的空間；而由景
所產生的人的想像空間，卻是無形、無限、無比例
的。在中國園林中，幾畝以上的水面一般都有一片
集中的水域，以表現煙波浩渺的氣象。水面不大則
以亂石爲岸，並配植細竹野藤、養些紅魚綠藻，雖
是一泓池水，卻能給人汪洋無盡的印象。如蘇州的
網師園（圖 5-7）水面較小，在設計時水面聚而不分，
僅在東南和西北角伸出水灣小澗，池岸處理成洞穴
的形狀，使人想像到這裏的水面與外界寬廣的河流
山澗是相連的，給人餘韻不盡的印象。園林的疊山
也並不在規模上強求相似，而是借助造石的技法表
現峰巒、絕壁、山澗，力求表現自然山巒的神態和
意蘊。遊人雖看不到完整的山巒，卻能在想像中體
會到群峰蔽日、重巒疊嶂的宏偉景象。

　　園林意境的產生，同樣離不開人的思想感情的
參與。中國園林中眾多的審美對象，無論造園家如
何精心設計、佈局，唯一的目的就是在特定的時空
裏最大限度地刺激遊客的心，促使其生情、生意。
唯有心物契合，情景合一，園林的意境方能醞釀生
成。遊人或撫繞孤松，或駐足花叢，或信步閒庭，
或攬風亭台……通過身臨其境的領悟，在有限的園
林實景中感受到詩情畫意的無限意蘊，使整個身心
完全陶醉在「象外之象，景外之景」的審美意境之中。

　　園林景物對遊人情感的激發，主要是通過人的

圖 5-7　蘇州網師園的疊石池岸（蕭默／攝）

堆疊的石頭河岸營造出了
水面與外界寬廣的河流相
連的假象，給人餘意不盡
之感。由於池岸低矮，臨
池建築接近水面，所置山
石、花木也不高大，這就
使水面顯得開闊。

眼、耳、鼻。作用於眼睛的主要是園林的景點。園林藝術的魅力，一方面在於設計師的匠心獨運；另一方面在於觀賞者的想像再創造。有「翰墨園林」之稱的揚州瘦西湖聞名中外，其小金山麓的一組精舍更爲人所稱道。它按文人雅好的琴棋書畫構製而成，巧妙的是，造園家將琴室、棋室、書室明提，卻將畫室暗點，在東面湖邊建水榭式建築月觀。如果月觀叫畫室，就過於求實，既索然無味，又俗不可耐，揚州瘦西湖也就沒有「翰墨園林」之稱了。中秋之夜在月觀賞月，只見皓月當空，與湖中月影相互交映；荷花盛開，丹桂飄香，沁人心脾。著名書畫家鄭板橋所書楹聯「月來滿地水，雲起一天山」更是妙絕：觀內無水，卻有水意；觀前無山，卻具山情。瘦西湖雖然有限，但月色溶溶，就顯得無邊無際；小金山雖微不足道，但水汽瀰漫，與天邊雲山連綿逶迤。如此天上人間，小景變大景，有限的園林化爲無限的詩境，眞可謂「景有盡而意無窮」了。

作用於耳的資訊，主要反映在園林以聲音爲特點的景點上（圖5-8），也就是前面所說的聲景。在虎丘著名的養鶴澗旁，在留園聞木樨香軒的廊內，在環秀山莊的溪谷空間裏，每當春雨綿綿，或秋雨瀟瀟，便可領略到這種聲音之美。承德避暑山莊的萬壑松風，古松參天，松濤陣陣，是著名的以聲取勝的景點。無錫寄暢園的八音澗，引無錫惠山泉水，由山的腹地經過曲折的溪澗進入寄暢園，沿著這條溪澗，使水由石上跌落於道中，產生叮叮咚咚的迴響聲，時而清淺低唱，時而婉轉回環，恰如天然的琴曲。杭州西湖的曲院風荷（圖5-9），蘇州拙政園的留聽閣，都以欣賞雨打荷葉發出的聲音爲特色。還有圓明園的夾鏡鳴琴、避暑山莊的風泉清聽等，都是著名的園林聲景。中國園林常常借聲音現象傳達個人的情感意緒，從而給自然聲音賦予動人心弦的情感美特徵：秋雨梧桐就是人間說不完道不盡的悲歡離合的典型；殘荷雨聲代表著一種憶舊懷親的傷感愁緒；雨打芭蕉則表達一種輕愁、一種無奈的思念之情。意境的化出，更將聲音之美引向了一個

圖 5-8　揚州個園封火巷與南牆上的二十四
個風音洞(陳一年／攝)

封火巷與南牆上的二十四個風音洞，巷風
襲來，發出酷似冬天北風呼嘯之聲。造園
者不僅利用「雪色」來表現冬天，還巧妙地
將「風聲」也融合到表現手法中去，令人拍
案叫絕。

圖 5-9　杭州西湖的「曲院風荷」
(Alchemist／攝)

西湖十景之一的「曲院風荷」，
以荷葉受風吹雨打、發聲清雅
的「千點荷聲先報雨」的意境為
其特色。

特殊高妙的境界。宋代詩文名家王安石在南京築半山園，園中泉、石、花、木、亭、橋應有盡有，但讓他最動情的，還是「黃鸝三兩聲」。這是因為清和婉轉的鳥鳴聲潛入了他的心底，喚醒了他的記憶，所以才能讓他動心動情，如醉如癡。

　　作用於鼻的資訊，則主要體現在園林內植物的芳香。遊覽中國園林，不僅能看到美麗的景色，還能聞到醉人的芳香。春天有撲鼻的桃李芬芳，夏日有襲人的荷花清香，秋季有濃郁的丹桂飄香，冬天有浮動的蠟梅暗香。蘇州的滄浪亭，園中多以桂花造景，清香館（圖 5-10）前一道漏窗粉牆，自成院落。院內植有幾株桂花樹，蒼老古樸，已是百年老樹。每逢秋風送爽之

圖5-10　蘇州滄浪亭的清香館（樹莓／攝）

清香館又名木樨亭。院內植桂花數株，蒼老古樸，已逾百年。每逢秋風送爽之際丹桂吐蕊，清香四溢。

際，丹桂吐蕊，清香四溢，沁人肺腑，令人心曠神怡。這上下四方無不瀰漫的花香，籠罩了所有的空間，隨著花香，原來有限的小庭園似乎也因花香而變得寬大起來。毫無疑問，這正是遊客的美感在起作用。

　　在審美意境的創造上，中國園林十分重視寫意手法的運用，一山一石都耐人尋味，給人留下充分的聯想和回味的餘地。一塊小石，便有山壑氣

圖 5-11　杭州西湖的人文景觀岳王廟，1946 年舊照
片（黃欣提供）

岳王廟位於西湖西北角。岳王廟是歷代紀念民族
英雄岳飛的場所。岳王廟始建於南宋嘉定十四年
（1221），明景泰年間改稱「忠烈廟」。以後代代相傳
一直保存到現在。

象：一勺清水，便有江海氣象；一草一木，便有森林氣象；一座建築小品，
實際上代表了造園家的人格理想。中國園林在景點的空間佈置上追求「山
重水復疑無路，柳暗花明又一村」的境界。因此園林的佈局設景，總是儘
量避免形成一覽無餘的視覺效果，使人在有限的園林空間內，彷彿置身於
變幻的仙境中，從而形成一種含蓄幽深、形有盡而意無窮的意境美。

　　遊覽過中國園林的人，大都賞心悅目，流連忘返。為什麼中國園林一
年四季都能吸引無數的中外遊客，令人百看不厭呢？風景優美固然是重要
原因，但還有個不容忽視的關鍵因素，這就是，中國園林中有文學、有文
化、有歷史，可以使遊人產生更多的興發與聯想。杭州西湖風景之美名聞
天下，但若論水，西湖不及江蘇的太湖，不及雲南的洱海；若論山，又不

及浙江的雁蕩山，不及安徽的黃山。但爲什麼西湖名氣如此之大呢？有一點可以肯定，如果西湖只有山水之秀和林壑之美，而沒有岳飛、于謙、張蒼水、秋瑾這些氣壯山河的民族英雄，沒有白居易、蘇軾、林逋這些光昭古今的文人墨客，沒有傳爲千古佳話的白娘子、蘇小小、濟公的傳說，西湖是不會那麼美的。正是由於西湖優美的自然環境、豐厚的文化底蘊（圖5-11），最容易使遊客受到感染，最容易使遊客展開想像的翅膀，最容易形成審美意境，所以在遊客的心目中，西湖才是最美的。

　　總之，中國園林之美多多，最本質者在於意境之美。置身園林，時聞弦外之音；遊畢而歸，每有不盡之意。這就是中國園林意境美的無窮魅力。

## ▍動態之美

　　在構成中國園林藝術美的諸多因素中，最引人入勝的莫過於動態美了。中國園林的動態美，首先表現在景物的動態上。一座面積有限、四面圍牆的園林，難免給人一種凝固、閉鎖的感覺。但造園家卻能運用具有動勢的造型藝術，使一座小園平添活力，俯仰成趣。比如一條彎彎的園林小路，因曲折而給人蜿蜒向前的動勢；遊龍般的雲牆，好像在跌宕起伏中蠕動；那高高的尖塔，高聳著指向蒼穹，彷彿在向上升騰；在飄動的白雲的映襯下，就連頑石也好像在動；即使是晴空萬里，也照樣富有動感，因為中國園林造山疊石的審美標準之一就是皺，是指山石的表面有凹凸的褶皺，外形起伏不定，既有明暗變化而又富有節奏感。中國園林的建築，如亭、廊、樓、閣，是莊重的、靜止的，但為什麼不讓人感到沉悶、壓抑呢？這就妙在中國古人創造了飛簷這種形式（圖 5-12）。它使房頂四角就像飛鳥一樣展翅欲飛。在屋脊和飛簷上又有龍、鳳、麒麟、人物、飛禽走獸等飾物，以及瑞雲、卷草這類紋飾，無一不具有騰躍之美和天馬行空之感。

　　中國園林的空間，講究多個方位的變化。疊山、理水以及建築、花木

圖 5-12　蘇州玄妙觀的四
海亭建築飛簷（張波／攝）

蘇州玄妙觀是中國江南地
區歷史最悠久、規模最大
的道觀之一。其中的四海
亭飛簷斗拱，展翅欲飛，
出色地體現了道家容忍、
寬大的胸懷。

的設置，都是力求營造山高水低、高低錯落的變化，使得遊人無論身在何
處都能得到美的享受。在園中漫步，隨著地形的起伏和建築的高低錯落，
既可仰觀亭台樓閣，也可俯視綠水紅魚，視角多變，美不勝收。

　　中國造園強調有山有水，園以山奇，山因水活；山是靜的，流水則是
動的，二者結合，死山也就變活了。至於那流水的聲響，更會使靜靜的園
林充滿生機。假如人們在竹下、花間流連，或「萬竹引清風」，或「秋風動
桂枝」，在這裏，風也成了園林動景的一部分。中國園林的設計常常是動
中有靜，靜中有動。山靜泉流，水靜魚游，花靜蝶飛，石靜影移，都是靜
態形象中的動態美。而各種動勢相互影響，又會產生某種張力，更加強了
園林生機勃勃的動態美。人們遊賞一座封閉的園林，之所以不會感到靜止
與凝滯，其原因就在這裏。

　　對中國園林的審美活動離不開時間的流動，離不開春夏秋冬的季節變
化，離不開晨昏晝夜的時辰變化，也離不開陰晴雨雪的氣象變化（圖 5-13、圖
5-14）。正是由於這些不斷變化的天時，才使人們對園林的欣賞有了更深的動
態美感。中國古代的造園家們，早就掌握了園林景觀的時間性，使良辰和

圖 5-13　蘇州留園夏景（樹莓／攝）

在留園的中部，可以觀賞到春、夏、秋、
冬四季的景色。圖中是留園明瑟樓的夏
景。

圖 5-14　蘇州留園冬景（張麗娜 / 攝）

這是雪後可亭的景觀。可亭的四面種有
梅花，坐在亭中可以看到園林遠方山頂
的積雪，冬日的夕陽⋯⋯

141

圖5-15　揚州個園秋山(吳
棣飛／攝)

秋山位於個園東北，坐東
朝西，以黃石假山疊成，
拔地而起，峰巒起伏，氣
勢磅礡，山嶺為全園制高
點，登山俯瞰，頓覺秋高
氣爽。

圖5-16　揚州個園冬山(吳
棣飛／攝)

冬山係用宣石疊成，石白
如雪，似有一層未消的殘
雪覆蓋，稱之為冬景。

美景互相融合，使時間和空間互相交感，構成一個個動態的風景系列。事實上，季節變化之美在中國園林中是被有意識地突出和強化的。比如用花表現季節變化的有春桃、夏荷、秋菊、冬梅；用樹表現的有春柳、夏槐、秋楓、冬柏；用山石的，春用石筍、夏用湖石、秋用黃石、冬用宣石（英石）（圖 5-15、圖 5-16）。杭州西湖的造景，春有柳浪聞鶯（圖 5-17），夏有曲院風荷，秋有平湖秋月，冬有斷橋殘雪。

不僅一年四季景色不同，就是一日之中也會有朝暉晚霞的不同景致。如蘇州網師園的月到風來亭，白天滿池清水倒映著園中美景，時時不同，意趣多變；待到皓月當空，則月光、燈火、池水交相輝映，另有一番景象。至於雨、雪、陰、晴中的景色，更是變幻無窮，正所謂「朝暉夕陰，氣象萬千」。這些借助不同時間而呈現的園林動態之美，唯有抓住良辰，方可獲得最大的享受。

圖 5-17　杭州西湖著名的春景「柳浪聞鶯」（黃旭／攝）

這裏因柳葉蔥蔥、鶯聲婉轉而成為人們休閒的好去處。春天柳樹成蔭，婀娜多姿，隨風搖曳。散步其間，濃蔭深處的柳樹給人陣陣涼意，悅耳的鶯啼聲更是撩人遐想。

如前所說，中國園林主要是借山水、花木、建築等物質實體來表現造園家的審美理想，因此它是一種空間藝術。遊人對園林的審美活動，總是通過靜觀與動觀這兩種不同的賞景方式進行的。所謂靜觀，就是遊人停留在某個景點上觀賞，並細細品味周圍景物的意趣，所欣賞的是園林的靜態美。所謂動觀，則是遊人在行進中賞景，景點隨著人的移動而連續不斷地變化，所欣賞的是園林的動態美。欣賞小型園林往往以靜觀為主；大園因

143

爲有較長的遊覽路線，所以多以動觀爲主，但二者又是交互結合在一起的。適合靜觀的位置多在廳堂、軒榭、樓閣、亭台、古跡等處，這些地方往往視野開闊，景色迷人，文化底蘊深厚，宜坐、宜留。可以在岸邊細數池中游魚（圖5-18），也可以在亭中迎風待月，更可以發思古之幽情。當然，即使是相對靜止的景物也因觀賞角度的不同而面貌各異，呈現出一定程度的動態美，正如宋代大文豪蘇東坡所說：「橫看成嶺側成峰，遠近高低各不同。」

　　中國園林的景點設計主次分明，景色多變，因此造園家往往爲此設計出一條最佳的遊覽路線，在行進中把各種最佳的動態觀賞點和供人休息、宴客、活動、居住的建築物有機地串聯在一起。中國園林中的遊覽路線通常是自然曲折、高下起伏的，或臨水景，或依山麓，有的還設置了曲折的長廊，讓遊人免受日曬雨淋之苦。曲折的遊廊（圖5-19）、起伏的台階、蜿蜒的

圖5-18　廣州寶墨園（王敏／攝）

這是集包公文化、古建築藝術、嶺南園林於一體的古建園林。園內溪水環繞，巨樹叢叢，風景綺麗。這是遊人在觀賞清平湖裏飼養著的錦鯉。

圖5-19　廣東順德清暉園（張國聲／攝）

園內水清木華，幽深清空，利用碧水、綠樹、古牆、漏窗、石山、小橋、曲廊等與亭台樓閣交相輝映，構築別具匠心。這是清暉園內曲折蜿蜒的遊廊。

圖 5-20　北京頤和園昆明湖東岸（1864 年
的版畫，E. 希爾德布蘭特）

穿過東宮門內的一片宮殿，來到此處，大
有豁然開朗、柳暗花明之感。

石徑，都是動觀的好地方。遊人或登高遠眺，或洞底探幽，園林美景如畫
卷般徐徐展開，從而使人體驗到一種節奏和韻律的動態之美。

　　中國傳統藝術最忌直露，所以園林藝術也以含蓄深邃、曲折多變聞名
於世。一座好的園林，絕不會讓遊人一下就看到全園最精華的部分，一些
構思精妙的佳景往往藏在後面，這叫作先藏後露，或欲揚先抑。例如北京
的頤和園（圖 5-20），從東宮門進入後，首先看到的是一片整齊對稱的宮殿、
廊院、圍牆。當人們通過一段曲折、封閉的行程而略有倦意時，繞過仁壽
殿便來到昆明湖邊，當廣闊的湖面和美麗的西山出現在面前時，頓時覺得
豁然開朗。

145

圖 5-21　揚州個園題有「幽邃」的園門（武德兵／攝）

個園的「萬竹園」可以說是「個園」的魂魄，一眼望去，高竿臨風，修篁弄影。漫步竹徑之上，只覺竹香清幽。走到竹林盡頭處，一抬頭，門洞之上赫然題著「幽邃」二字。穿過「幽邃」園門，就是一片豁然開朗的天地。給人一種先是曲徑通幽，繼之豁然開朗的感覺。

　　爲了激發遊人的好奇心和想像力，中國的造園家們常常利用障景營造景觀效果，以增強遊人的動態審美趣味。這種障景造園手法，起著峰迴路轉、曲徑通幽、引人入勝的作用。比如大觀園用假山作爲屏障，目的是避免遊人一入園便對整個園景一覽無餘，而採用障景的藝術手法，以達到曲徑通幽的效果。這種手法在江南園林中隨處可見，有些園林在某一景區的入口處，還直接掛上「通幽」（圖 5-21）、「幽徑」的匾額，以喚起遊人的動態審美意識。多數園林的入口處，常用假山、小院、漏窗等作爲屏障，適當阻隔遊人的視線，使人一進園門只是隱約地看到園景的一角，幾經曲折才能見到園內山池亭閣的全貌，從而發出「庭院深深深幾許」的感慨。杭州西

146

圖 5-22　北京北海公園的九龍壁（阿酷供圖）

北海公園的九龍壁面闊二十五‧八六公尺，高六‧六五公尺，厚一‧四二
公尺；壁上嵌有山石、海水、流雲、日出和明月圖案。底座爲青白玉
石台基，上有綠琉璃須彌座，座上的壁面，前後各有九條形態各異、
奔騰在雲霧波濤中的蛟龍浮雕，體態矯健，龍爪雄勁，形象生動，栩
栩如生。

湖之所以讓人百看不厭，正由於它園中有園，院中有院，湖中有湖，島中
有島，景外有景，變化無窮，動態的園林美使人流連忘返。以佈局緊湊、
變化多端爲特點的蘇州留園，在園門入口處就先用漏窗來強調園內的幽深
曲折，園內的景色隨著曲折的路徑依次展開，大有移步換景之妙。此外如
北京恭王府花園的土山，上海龍華公園入口正面的黃石大假山，蘇州寒山
寺門前的影壁，北京北海的九龍壁（圖 5-22）等，都是中國園林常用的障景手
法，目的都在於引起遊人的動態審美情趣。

147

天地一園
中國園林

6

各擅其美
——中外園林之比較

## ▌中西園林之比較

　　園林藝術是一種實用和審美相結合的藝術，由於中國和其他國家在歷史背景、文化傳統、審美趣味等方面的不同，在園林藝術上也風格迥異、各有千秋。從世界範圍來看，造園系統大致可分為三種類型，即西方（主要是歐洲）和東亞（主要是中國和日本）、西亞（主要是阿拉伯世界）。在這裏，我們無意評判中外園林孰高孰低，但通過對比分析，可以進一步了解它們各自的風格是在怎樣的歷史背景和美學思想的影響下形成的。

　　總的來說，中國和西方在園林的起源、發展過程、造園要素和社會功能等方面有著廣泛的相似性，但兩者的差異性卻更加明顯。

　　其一是表現在中西園林在選址和地貌上的區別。中國園林絕大多數是人工山水園，即在平地上開鑿水體，堆砌假山，配以花木和建築，把天然山水風景模仿在一定範圍之內。這類園林多修建在城市中，又稱「城市山林」。西方古典園林的選址則一般在遠離城市的郊外或者山麓，極少在城市中修建大型園林，所以西方的古典園林也稱為「山林城市」。

　　中國園林的地表處理原則可以概括為「高埠可培，低方宜挖」。比如北

圖 6-1　北京頤和園中的萬壽山和昆明湖（陸建華／攝）

北京西北郊原有覽山，爲燕山餘脈，山下有湖，稱七里濼、大泊湖、覽山泊、西湖。頤和園就是在此基礎上加深西湖成爲昆明湖，以挖湖之土增高覽山成爲萬壽山。

京的頤和園，把本來就地勢低窪的地方挖成了壽桃狀的昆明湖，而用挖出的土方堆築成了高六十公尺的萬壽山（圖 6-1）。西方古典園林的地表處理原

則可以概括爲「高埠可平，低窪宜填」。例如法國的凡爾賽宮（圖 6-2），園址

圖 6-2　法國的凡爾賽宮（嚴向群／攝）

1624 年，法國國王路易十三以一萬里弗爾的價格買
下面積達一百一十七法畝的凡爾賽宮原址附近的森
林、荒地和沼澤地區，並修建一座兩層紅磚樓房，
作為狩獵行宮。以後加以平整，使整個園林建在平
坦而又廣闊的人造平原上。

　　本是一片有沼澤分佈的平緩丘陵，經過削平丘陵，填平沼澤，整個園林就
建造在這個人造平原上。因此，中國園林的地表是高低起伏的，而西方古
典園林的地表卻是平坦開闊的。

圖 6-3　蘇州滄浪亭（曾寶琪／攝）

憑藉地勢的高低而修建園林，亭台樓閣參差錯落，花草樹木也高矮不一，儘量保持原貌，使整個佈局顯得極其自然，幾乎看不出人工痕跡。

　　其二是風格的不同。中國園林是典型的自然山水式園林，其風格是崇尚自然。無論是北方的皇家園林，還是江南、嶺南的私家園林，都非常強調順應自然。總是在有限的空間範圍內儘量模擬大自然中各種景物的造型和氣韻，連樹木花卉的處理也講究表現自然。例如，頤和園的昆明湖、萬壽山以及其中的長堤等，都顯得自然和諧，絲毫沒有人工穿鑿之感；而蘇

州的滄浪亭（圖 6-3）中巧妙設置的山水樹木、亭台樓閣等景物，也顯示出濃
郁的自然韻味。中國為數眾多的私家園林既不求軸線對稱，也沒有任何規
則可循，相反卻是山環水抱，曲折蜿蜒，不僅花草樹木保持自然原貌，即
使人工建築也儘量參差錯落，力求與自然融合。西方古典園林的風格則是
崇尚人力，表現為一種人工的創造，是典型的幾何形園林。在西方園林中，

153

圖 6-4　義大利蘭特莊園（Focusphoto / 攝）

此園林佈局中軸對稱，均衡穩定，主次分明，各層次
間變化生動。它由四個層次分明的台地組成：平台規
整的刺繡花園、主體建築、圓形噴泉廣場、觀景台（制
高點）。樹木、花卉都佈置成幾何圖案，甚至把樹冠
修剪成幾何形體，高度發展了樹木造型藝術。

無論是建築還是山水樹木，所有的景物都有人力加工的明顯印記。其建築
排列整齊，水源做成噴泉等，樹木一律整齊地排列在道路兩旁，如同被檢
閱的儀仗隊。樹冠修剪得規整劃一：球形、方形、圓錐形、葫蘆形、尖塔
形⋯⋯處處呈現出一種幾何圖案美（圖6-4）。園中雖有很多自然物，但自然
的氣韻已經不復存在。比如法國的凡爾賽宮，園中的皇宮、教堂、劇院等

圖6-5　深圳世界之窗微縮景觀「法國凡爾賽宮」(武德兵／攝)

正如德國美學家黑格爾所說：「最徹底地運用建築原則於園林藝術的是法國的園子，它們照例接近高大的宮殿，樹木栽成有規律的行列，形成林蔭大道，修剪得很整齊，圍牆也是用修得整齊的籬笆建成的，這樣就把大自然改造成爲了一座露天的廣廈。」

都是排列規整，連廊柱、花壇、草坪、雕像、噴泉等也都秩序分明，呈現出幾何形狀，充分體現了人工改造自然的力量(圖6-5)。

　　其三是規模的差異。中國早期的園囿規模較大，但宋代以後的中國園林追求的是壺中天地，以小見大，所以規模相對較小。即使是現存最大的皇家園林——承德避暑山莊，也只有五百八十四公頃；而中國南方的文人園林一般只有幾十畝大小，如頤園佔地兩畝多，是上海現存最小的園林。園子雖小，但山、池、橋、樓、閣、齋、舫、榭、廊、古樹、翠竹一應俱全，享有上海十大名園之一的美譽。而建於清末的蘇州殘粒園，面積僅一百四十多平方公尺，是現在發現的最小的蘇州園林。

圖 6-6　法國凡爾賽宮的御花園（Aprescindere／攝）

這是一座縱深三千公尺的園中之園，視野開闊，一望無
際。這裏有對稱而又整齊的樹林、建築和美麗的花園，
有一千四百多個不息的噴泉，千姿百態，美不勝收。此
外還有各種雕塑和一個人工湖。總之，場面宏大，景色
如畫，十分迷人。

　　西方極少有私人園林，其古典園林相當於中國的皇家園林，十分追求
宏偉壯觀的氣勢，並且由於選址一般在郊外，有足夠的面積來造園，所以
規模相對較大。如法國凡爾賽宮佔地面積達六百七十公頃，僅中軸線就長
達三千公尺，並且總是用一種令人震撼的大尺度空間表現一種莊嚴、氣派、

圖 6-7　香港大嶼山龍仔悟園的九曲橋（蘇朗智／攝）

九曲橋，顧名思義，是指橋共分成九個彎，曲折迂迴。「九」是數字中最大的單數，古有「九九歸一」和「九五之尊」之說，都是對「九」這個充滿吉祥、尊貴的吉數集中的概括。

華麗的氛圍（圖 6-6）。比如大面積的整齊草坪，誇張的各式水景以及水景與壁龕中的各種雕塑等。

　　其四是整體佈局的差異。中國園林所追求的是林泉之趣和田園之樂，追求人工美與自然美的高度統一，所以在園林設計上突出的是自然山水，建築只是作爲陪襯和點綴。而西方古典園林卻是以建築爲主體，建築物控制中軸線，中軸線控制整個園林，突出的是建築。甚至連植物也成了建築物的陪襯或其中的一部分，所以西方古典園林中的植物被稱爲綠色建築或綠色雕塑。

　　中國園林中的道路本身就是重要的審美對象，講究曲徑通幽，園越小，路越曲。橋也往往作三曲、五曲、九曲（圖 6-7）。因此往往柔美有餘，陽剛

不足。而西方古典園林大多是筆直的大道（圖 6-8），
僅僅是爲了解決景點與景點之間的交通問題。一般
是以中軸線爲中心，四周分佈筆直的大道，組合成
若干個巨大的放射形，道路之間交叉形成無數直角
與銳角，顯得陽剛有餘而陰柔不足。

　　中國園林的水體是連續分佈、相互貫通的。哪
怕再小的水面也要曲折有致，給人源遠流長的感覺
（圖6-9）；溪流、瀑布更是中國園林顯示動態美的方式。
西方園林中的河道則呈直線，湖面是矩形、圓形或
別的幾何形狀。比如在法國凡爾賽宮苑內，宮殿的
西部展開一條長一千六百公尺、寬一百二十公尺的
規整的大水渠（圖6-10）。水往低處流乃水的本性，中
國園林中的水處理順應了這種自然規律，從高到低，

圖6-8　法國凡爾賽宮筆
直 的 大 道（Aprescindere /
攝）

宮殿西面是一座風格獨特
的法蘭西式大花園，風景
秀麗，其中軸線長達三千
公尺。大小道路都是筆直
的，與花草、水池、噴泉、
柱廊組成幾何圖案，被稱
爲「騎馬者的花園」。

圖 6-9　蘇州網師園的水岸曲折近乎天然 ( 慧眼 / 攝)

圖 6-10　法國凡爾賽宮的大水渠（Lexan /
攝）

網師園的中部山水景物區，突出以水為中心的主題。
水面聚而不分，池西北石板曲橋，低矮貼水，東南引
靜橋微微拱露。環池一周疊築黃石假山高下參差，曲
折多變，使池面有水廣波延和源頭不盡之意。

聞名遐邇的凡爾賽宮大水渠，長一千六百
公尺，寬一百二十公尺，水岸筆直規整，
氣勢宏大壯觀。

159

圖 6-11　法國凡爾賽宮花園的噴泉
（Onairda / 攝）

凡爾賽宮花園現存面積爲一百公頃，以
海神噴泉爲中心，主樓北部有拉冬娜噴
泉，花園內共有噴泉一千四百多個。

任其流動。西方園林則多設噴泉（圖 6-11），偏偏強迫水要按照人的意志向高
處噴。人造瀑布的石級也等寬、等高，瀑流循規蹈矩。甚至對待水聲，中
西方也判然有別。中國人把汩汩的流水聲視爲天籟之音，美妙無比；但西
方人對此卻無動於衷，非得讓水流經過粗細不一的金屬噴嘴，奏出簡單的
樂曲。

圖 6-12　蘇州獅子林的假山曲徑（曾璜／攝）

獅子林以假山奇石、洞壑深邃而盛名於世，素有「假山王國」之美譽。獅子林的湖石假山多而精美，湖石玲瓏，洞壑宛轉，曲折盤旋，如入迷陣，有「桃源十八景」之稱。這與中國人的含蓄性格不無關係。

圖 6-13　法國凡爾賽宮的花園平坦開闊（曹治文／攝）

以凡爾賽宮為代表的西方花園十分開闊。走出凡爾賽宮，整個花園一覽無餘，可以一直望到盡頭的阿波羅池塘，這與西方人的直率性格不謀而合。

　　其五是造園藝術的差異。中國園林注重寫意，刻意追求詩情畫意和含蓄美、朦朧美，即使是小園也可以拉出很大的景深，其中奧妙正在於藏而不露，而且虛中有實，實中有虛，使人有撲朔迷離之感。中國園林講究迂迴曲折，曲徑通幽，咫尺之間變幻多重景觀，比如蘇州獅子林中的假山曲徑（圖6-12），極盡曲折回環之能事。所以中國園林有「步行者的園林」之說。西方古典園林則注重寫實，刻意追求人工美、圖案美，講究規整、直觀、開朗、明快、坦蕩，即使加上草坪、花園，也在開闊之處。站在平地可洞

161

圖 6-14　西方園林中直接
用枯樹做成的雕刻藝術品
（Moramora／攝）

西方人酷愛雕塑，西方古
典園林也多以人物雕像為
視覺中心，或以雕塑作品
作為點綴與裝飾的內容，
而不以自然形態的石頭作
為觀賞對象。

觀四方，登高瞭望則更是一覽無餘(圖 6-13)，所以西方古典園林有「騎馬者
的園林」之說。

　　西方人喜好雕塑，在園林中也有著眾多的雕塑。比如在德國園林中，
除明顯的雕塑之外，甚至在園林中的枯樹上也刻有圖案，用以觀賞(圖 6-14)。
而中國人卻喜歡在園林內堆築假山，而且樂此不疲。中國人看樹賞花，注
重的是姿態，而不太講究品種的繁多；賞花甚至可以只賞一朵，而不苛求
數量。而西方人卻講究品種多，數量大。如法國園林鮮花繁多，凡爾賽宮
苑就有二百多萬盆花，但法國人並不怎麼欣賞其姿態，他們講究的是品種
和數量，以及各種花在花壇中編排組合的圖案，他們欣賞的是圖案美。

　　總而言之，西方園林給我們的感覺主要是悅目，而中國園林則意在賞
心，這應該是中西園林最大的不同。

## █ 中日園林之比較

　　說到東方園林，不能不提到日本，因爲日式園林對世界的影響同樣深遠。在古代歷史上，中國一直是日本的主要文化外源地，因此兩國的古典園林在造園環境、園林類型、造園思想、造園手法等各個方面也都具有相似性和共通性，甚至可以說日本古典園林是中國園林的一個分支。但是，日本園林並非中國園林的原型複製或機械再現。由於兩國文化結構的差異，也由於禪宗思想的不同影響，因此中日兩國園林又具有各自的特點，體現出各自的民族心理和審美意識。

　　從園林類型來看，中日兩國的古典園林都可分爲皇家園林、私家園林和寺廟園林。但是，中國皇家園林的氣勢要遠遠勝過私家園林；而在日本正好相反，私家園林的氣勢勝過了皇家園林。中國皇家園林顯得莊重、典雅、氣派、大方、華貴，規模宏大，建築巍峨，雕樑畫棟。日本的皇家園林卻是小山小水，茅茨草屋，不塗色彩，樹多屋少，規模較小。如京都的桂離宮(圖6-15)、仙洞御所、修學院離宮、京都御所庭院，這四大名園都是如此。

　　如果細分的話，日本的私家園林和寺廟園林又可分爲以下幾種類型：

163

天地一圖

圖 6-15 日本的皇家園林──桂離宮（Razvanjp／攝）

桂離宮以庭園和日本式建築而聞名於世，面積爲五萬六千平方公尺。宮殿以古書院、中書院、新御殿爲主，池子周圍建有書院，茶亭，巧妙地融合了庭園和建築的結構。庭園的中央爲池塘，上有大小島嶼，書院和茶亭相鄰而立，整潔幽靜。

枯山水、池泉園、築山庭、平庭、茶庭等。枯山水是在沒有池水溪流的地方僅立山石，以沙代水，以石代島；池泉園式園林偏重於以水池、泉水爲中心；築山庭則是偏重於堆土山；平庭是在平坦地面上進行園林規劃；茶庭是在進入茶室前的一段空間裏佈置各種景觀。

中國的私家園林與文人士大夫有著不解之緣。園林既是文人做官之前的讀書學習之所，又是文人退身之後的歸隱靜思之地；既是文人修心養性、安身立命的樂土，又是文人談古論今的園地。因此，中國的私家園林大多體現了文人士大夫的理想人格追求和審美情趣。其特點是面積不大，小巧玲瓏，富有詩情畫意。日本從鐮倉時代到江戶時代近千年中，都是由將軍執政，所以私家園林以武士園林爲主，突出武士的情趣與愛好，表現果敢、有魄力、有氣勢。其石景巨大，瀑布

165

圖 6-17　日本神社的典型
——奈良神社（Sepavo／攝）

庭前鋪滿了白沙，在日照
充足時白沙反射出海市蜃
樓般的幻境；當陰天水汽
充足時，也有類似效果，
所以這片白沙被稱為日本
最美的淨土，襯托了神社
的神聖與神祕。

圖 6-16　日本二條城（Xiye／攝）

二條城是世界文化遺產。
它始建於 1603 年，當時是
德川家康在京都的寓所。
有東西約五百公尺，南北
約四百公尺的圍牆，並挖
有壕溝。

壯觀，建築雄偉，規模和裝飾都勝過皇家園林和寺廟園林（圖 6-16）。如東京的六義園為武士柳澤吉保的私家園林，雖取中國《詩經》中的賦、比、興、風、雅、頌六義，但武士氣息十分濃厚。最突出的表現就是園林中普遍築有馬場和射箭場，作為訓練武術、展示武功的場所。

中國的寺廟園林包括寺院園林和道觀園林；日本的寺廟園林則包括寺院園林和神社園林。中國的寺廟園林風格不明顯，常常運用私家園林的方式加以構建，講究詩情畫意，突出儒性，體現出宗教的世俗化；而日本寺廟園林則風格突出，靠園林本身塑造宗教的氣氛和形象（圖 6-17），並影響其他類型的園林，以至

於武士園林也常常借用寺廟園林的表達方式。其中寺院園林講究禪思枯意，突出佛性，在手法上有非常獨特的枯山水庭院，表現出世俗的宗教化。而神社園林則以建築爲主，庭前的一片白沙映襯出某種神聖與神祕。

從園林整體佈局來看，中日兩國的古典園林同爲自然山水式園林。但中國園林深受大陸文化的影響，因此在山和水之間偏重於山。而日本園林則深受海洋文化的影響，因此在山和水之間偏重於水。中國園林的水景多數是河、湖、海的眞實寫照；而日本園林的水體則多數是模擬海景。中國園林中可以沒有島，但必須有山，即便沒有眞山，也要有人工堆疊的假山；而日本園林中可以沒有山，但必須有島。中國的堆山是崑崙的象徵；而日本的堆山則是海島的象徵。在園林的遊覽方式上，中日兩國都有舟遊、路遊（日本稱「回遊」）、坐觀三種。中國園林以動觀、路遊爲主；而日本園林則以靜觀、舟遊爲主。

中日兩國的古典園林雖然從本質上說都是自然山水園，但二者仍然有明顯的不同。以下我們從各個造園要素加以對比，以略見一斑。

中國園林的疊山喜歡用太湖石、黃石、英石等，而日本園林喜歡用青石、鞍馬石、石灰石等。中國園林多以豎向疊山爲主，山體較爲高大，以表現山的峻峭挺拔，創造深山幽谷、洞天福地的意境，如蘇州留園的冠雲峰，獅子林的九獅峰（圖 6-18）等；日本園林置石以橫臥爲主，石體多低矮，並且部分埋在土中，石上生青苔，以展現天然之趣，如京都龍安寺的方丈前庭（圖 6-19），大德寺大仙院的方丈北庭等。中國園林的疊石手法多樣，追求奇險，喜歡雄偉挺拔、山勢嶙峋的氣勢，如故宮的御花園中的假山；日本園林一般都用模仿自然名山的覆蓋草皮的土山，而不用假山，即使用，也喜歡樸素自然的氣質，不求奇險，追求荒山野丘的趣味，強調淡泊寧靜，一般規模較小。

中日兩國的古典園林在理水方面都受到中國道教方術思想的影響，有

圖6-18　蘇州獅子林的
假山九獅峰（王瓊／攝）

此峰立於粉牆之前，庭
院內東西各有半亭，擠
出空間以突出九獅峰。
初看渦孔遍佈，無甚奇
特，細察似九頭小獅自
在戲耍。觀賞此石須配
合想像，妙在像與不像
之間。

圖6-19　日本京都龍安
寺的方丈前庭（西頁／攝）

浩庭園呈規則的長方
形，園中地上鋪滿白沙，
其中排列著五組塊石，
以五、二、三、二、三
的塊數組合，佈局錯落
有致。塊石和附近的地
面上長著斑駁的苔蘚，
沒有花木，只以庭園之
外蒼翠的松樹作為背
景。其抽象、純淨的形
式，給予人們無限遐想
的天地。

圖 6-20　蘇州拙政園的一座小亭，屋頂是瓦砌成的（吳棣飛／攝）

中國古典園林中多用瓦堆砌屋頂，瓦可分爲陶土瓦和琉璃瓦兩大類。私家園林用青陶小瓦，皇家園林則用明黃色琉璃瓦。筒瓦簷端有瓦當，並有各種紋飾。

所謂一池三島，以象徵東海和蓬萊、方丈、瀛洲三座仙山。但這一點在中國園林中越來越淡化，海化爲池，島化爲山，而且往往不拘一格，一島、二島或是多島。日本古典園林則是嚴格遵守一池三島的定制，而且樂此不疲。此外還有九山八海、三尊石、五行石等獨有的做法。中國園林的理水原則是「小水則聚，大水則分」，講究的是眞水處理；而日本園林有眞水和枯水兩種處理手法：眞水除了某些舟遊式池泉園，如桂離宮、京都御所等，一般水體都較小，而且以聚爲主。枯水處理則以枯山水庭園最爲典型，如日本京都東福寺方丈南庭的枯山水，它用石塊象徵山巒，石塊或單獨或三五成組放置，以示崇山峻嶺或者重巒疊嶂。用白沙象徵湖海，沙面平鋪象徵廣闊海面；沙面耙成平行的曲線，猶如萬重波濤；沿石根把沙面耙成

圖 6-21　日本園林中隨處可見的傳統稻草屋頂小屋（Yuryz／攝）

日本的傳統草屋多用稻草或檜皮覆蓋屋頂，沒多少裝飾和雕琢，也沒有亮麗的色彩。這與中國園林建築誇張炫耀、色彩斑斕的風格迥然不同。

環形，又象徵驚濤拍岸。

　　中日兩國的園林一般都有建築物，但中國園林的建築較多，有的園林甚至五步一亭，十步一閣。建築材料以木結構為主，土石磚瓦為輔；日本園林的建築普遍較少，建築材料以木料、草料為主。中國園林多用瓦屋頂（圖 6-20）；日本園林多用草屋頂和檜皮屋頂（圖 6-21）。中國園林圍合多用平開門窗，間或用實牆，很少用木板；日本園林圍合多用推拉門窗，少用實牆，多用木板。中國的建築形體較為高大，日本的則較為矮小。中國園林建築的室內家具多而高，以垂足而坐為主；日本園林建築的家具少而低，以席地而坐為主。中國園林室內對稱佈局，陳設多，裝飾華麗，是文人墨客吟詩作賦的地方，遊覽體驗方式屬於活動型。日本古典園林室內非對稱

171

圖6-22　日本上野東照宮大門石鳥
居(陳浩／攝)

日本石鳥居的形式與作用類似於中
國的牌樓，它不但用於寺院、神
社，作爲區域的標誌，也被用於園
林、庭院的裝飾。

圖6-23　日本上野東照宮前的石燈
籠(張民傑／攝)

在佛前獻燈火是佛教的重要禮儀之
一。自奈良時代起，日本在修建寺
院時就開始在寺院的正面建造石燈
籠以保護向寺院所獻的燈火。現在
日本的石燈籠除了少量用於寺院神
社以外，大多數的石燈籠都用於庭
院、園林的裝飾。

佈局，陳設少，裝飾樸素，是僧人
和茶客靜思悟道的地方，遊覽體驗
方式屬於靜悟型。中國園林建築多
用彩畫，特別是皇家園林，更是雕
樑畫棟。日本的園林建築則少用彩
畫，色彩十分樸素。中國園林建築
的書畫作品較多，有門柱的對聯、
門楣的匾額、室內的書法和繪畫、
岩石上的刻字等。日本園林建築的
書畫作品較少，多門楣匾額，少門
柱對聯。 中國園林的外牆以實體牆
爲主，牆體較爲高大；而日本園林
的圍牆常用竹籬，實體牆並不多，
而且牆體較爲低矮。中國園林的入
口大門幾乎都是巍峨高大，古色古

圖6-24　日本京都龍安寺方丈庭院東北方的石質洗
手缽（西頁／攝）

這個洗手缽表面刻有「唯吾知足」字樣，是江戶時代
大將軍德川家康的孫子德川光圀進獻的。據說是把
禪的格言形象化，以作爲解謎之用。

香；而日本古典園林的入口大門有些卻是木戶（柴扉）。中國園林的建築小
品有牌坊、石碑、石桌凳、盆景等；日本園林則有石鳥居（圖 6-22）、石燈籠
（圖 6-23）、洗手缽（圖 6-24）等。

　　花木在中日兩國的園林中都佔有重要地位，但也有明顯差異。在花木
的選擇上，中國園林講究姿態美、色彩美、味道美，而且要求花木蘊含一
定的文化積澱，這一點前面已經有了比較詳細的介紹。日本園林的花木種
類雖然不如中國園林的豐富，但由於受到中國文化的影響，所以在花木品
類上有相同的愛好。比如梅、蘭、竹、菊「四君子」，松、竹、梅「歲寒三
友」等。此外，由於受禪宗思想的影響，日本園林還大量運用苔蘚等植物，

173

圖 6-25　日本京都金閣寺周圍的松樹（Eg004713 /攝）

淡淡的鏡湖裏，精緻的舍利殿靜靜地立在那裏，把倒影投在水面上。一邊映襯的是幾株精緻的黑松，周圍是濃密的綠樹環護。

圖 6-26　日本的姬路城（Srlee2 /攝）

姬路城是日本兵庫縣姬路市的一座城堡，因其白色的外牆也被稱爲白鷺城，以櫻花聞名。它在日本是一個受歡迎的旅遊地點，被聯合國教科文組織列爲世界遺產。

形成苔庭。爲了製造空寂，便於冥想，日本園林中常綠植物較多，而開花植物較少。最常見的是松樹（圖 6-25）、楓樹、櫻花（圖 6-26）、杜鵑等。在花木應用上，中國園林重花、重色；而日本園林則偏葉、偏細部景觀。中國園林的花木，無論是高大的喬木，還是低矮的灌木，基本上是自然生長；而日本園林卻大量使用修剪樹，並把大樹小型化，尤其喜歡精緻、細弱的

植物。

　　總之，中日兩國園林是基於東亞文化基礎上的兩朵奇葩。通過分析比較，可以加深對中國園林的認識，了解中日園林當中優秀的造園要素，以及日本現代景觀設計中對傳統園林文化的繼承和把握，特別是日本園林設計中尊重自然、珍惜資源的生態原則和理念，是很值得中國借鑒學習的。

## ▌中伊園林之比較

西亞（阿拉伯）園林是伊斯蘭園林的主體部分，而伊斯蘭園林則是世界三大園林體系之一，是古代阿拉伯人在吸收兩河流域和波斯園林藝術基礎上創造的，以幼發拉底與底格里斯兩河流域及美索不達米亞平原爲中心，以阿拉伯世界爲範圍，以敘利亞、波斯、伊拉克爲主要代表，同時影響到歐洲的西班牙和南亞次大陸的印度，是一種模擬伊斯蘭教天國的高度人工化、幾何化的園林藝術形式。

中國園林和伊斯蘭園林在起源、造園的目的以及園林的功能等方面有不少相似之處，但二者畢竟是兩種類型的園林。由於地理環境和氣候條件不盡相同，文化習俗相差甚遠，兩者在很多方面又有著明顯的差異。

從整體佈局來看，中國園林基本上屬於自然式，園址形狀順其自然，呈不規則的流線型。除北方少數的皇家園林外，並不強調明顯的、對稱性的軸線關係。特別是江南和嶺南的私家園林，在整體佈局上更不講究對稱和中軸線，而是充滿了自然之趣，顯現的是活潑、動態、多點透視的空間美。而伊斯蘭園林則中規中矩，其經典佈局是：矩形的園林由十字形的水

圖 6-27　西班牙阿罕布拉宮的獅子院（Albertojorge／攝）

獅子院是一個經典的阿拉伯式庭院，獅子院四周均爲馬蹄形券
廊，縱橫兩條水渠貫穿庭院，交叉成十字形而象徵天堂。水渠
的交匯處，即庭院的中央有一個噴泉，它的基座雕刻著十二個
大理石獅子像，故名獅子院。

渠分成四等份，中央設一個噴泉，泉水從地下引出，噴出之後由水渠向四
方流去，四條渠象徵天堂裏的水、乳、酒、蜜四條河，如西班牙的阿罕布
拉宮的獅子院（圖 6-27）就是其典型代表。這種佈局方式使園林顯得主次分明，
重點突出，邊界和空間範圍一目了然，給人秩序井然和清晰明朗的印象。
當然，伊斯蘭園林也有一些變體，比如位於宏偉的宗教或陵墓建築的前庭，
以印度的泰姬陵（圖 6-28）爲代表。

圖 6-28　印度的泰姬陵（林晶華／攝）

泰姬陵的大門與陵墓由一條寬闊筆直的用紅石鋪成
的甬道相連接，在甬道兩邊是人行道，人行道中間
修建了一個十字形噴泉水渠。陵墓的主體建築在水
渠的一端而不是中央，這與傳統的伊斯蘭園林格局
明顯不同。

　　在中國園林中，有園必有山，有山必有石。早期是利用天然山石，而
後則利用天然奇石疊造假山，可以說疊山是中國造園的獨門絕技；伊斯蘭
園林中卻沒有這樣的疊山技藝，主要是選擇天然石材修建水渠或建築物，
這是中伊園林截然不同的一個方面。

圖 6-29　蘇州拙政園西部的水廊（王立力／攝）

長長的水廊，水伸入廊底，具有水鄉的意境。水從
園的西南角之塔影亭的背後開始，彎彎曲曲一直流
向拜文揖沈之齋，然後過廊橋向東流入中部的大水
池。全園之水，曲折逶迤，妙不可言。

　　無論在中國園林，還是在伊斯蘭園林中，理水都是造園的重要內容之
一，但二者在內容和形式上有很大不同。首先，中國園林的理水在意象上
表現的是河、湖、海三種自然景觀；而伊斯蘭園林卻把水作爲園林的血脈，
象徵的是生命之河與天堂。其次，中國園林在水形和水岸的處理上注重模
仿自然，講究水的源遠流長，所以水流往往是九曲十八彎，表現的是一種
自然之美，如蘇州拙政園西部之水（圖 6-29），從西南角開始，彎彎曲曲一直

179

圖 6-30　西班牙阿罕布拉宮長方形
的水渠（Jblackstock／攝）

這個庭園是典型的伊斯蘭園林。院
子是長方形的，中央有一長方形水
渠，水渠中有噴泉，幾十個噴泉整
齊地排列，周圍是花床，穿過水柱
看對面的塔樓別有一番情趣。

圖 6-31　西班牙阿罕布拉宮的建築
（Daanholthausen／攝）

建築師將高超的數學造詣融入到建
築之中，整個空間充滿著繁複的圖
案和幾何圖形，無數次重複和疊加
巧妙地拓展了空間感；其厚重的、
堡壘式的外形據說是爲了抵禦外敵
的入侵。

流向中部園內大池，好似書法中的一帖狂草；伊斯蘭園林的理水卻是以噴
泉作爲構圖中心，筆直的十字形水渠貫穿全園，具有很強的裝飾性，表現
的是一種人工之美。最後，中國園林中的水景功能較爲單一，即只具有觀

賞價值；相比之下，伊斯蘭園林的水除了分割庭園、納涼之外，還常常具有灌溉的功能，因此湧泉和滴灌也成爲一道頗有特色的水景。如西班牙塞維爾的橘園，細長的水渠佈滿了整個果園，把象徵天堂的中心水池的水引到每一棵橘樹下面。在印度伊斯蘭園林中還加入了台階瀑布、跌水、噴泉等景觀，使整個園林生機勃勃，充滿活力。

中國園林中水體的樣式是自由的，追求一種天然野趣，而且水區與陸區涇渭分明；伊斯蘭園林中的水池或水塘卻總是呈現幾何圖樣（圖 6-30），或長或方，或圓或橢圓，或十字形，或獎章形，甚至是蔥頭形，並且都以瓷磚鑲邊。伊斯蘭園林中的水總是伸手可及的，遊客可以隨時「灌手足以戲水，賞水波以見影」。有的園林甚至把水引入面向庭院的敞廊或廳堂，如阿罕布拉宮的獅子院，令人神清氣爽的水幾乎無處不在，即使在最小的曬台上的樹影裏也有噴泉。

中國園林的建築以木結構作爲基本框架，再支撐一個飛簷斗拱的坡形屋頂，顯得十分輕盈。這種框架結構完全可以開合自如，不受約束地開窗和築牆，有些建築物如亭子，甚至完全不需要牆體。而伊斯蘭園林的建築大多呈現爲獨特的中庭形式，而且以石結構爲主，很有厚重感，如厚實的牆體和樑柱等。在外輪廓處理中，較多地使用了幾何圖形，如方牆、穹頂、圓塔等（圖 6-31）。

中國北方的園林建築平面佈局較爲嚴整，多用色彩強烈的彩繪，圖案有人物、動植物、雲紋等；南方的園林建築一般都是青瓦白牆，褐色門窗，不施彩畫，佈局靈活，顯得玲瓏清雅，常有精緻的磚木雕刻作裝飾。相比之下，由於伊斯蘭園林建築大量使用以幾何圖形爲基礎的抽象化曲線紋樣，追求鮮豔的色彩，喜歡用很純的黃色、紅色、綠色、白色等，甚至把整個建築物都用彩色的琉璃或馬賽克貼面，形成色彩華麗、光影變幻的裝飾效果，看起來熱烈而又富麗堂皇，體現了伊斯蘭裝飾藝術崇尚繁複、不喜空

圖 6-32　西班牙阿罕布拉宮的建築裝飾圖案
（Rramirez125/ 攝）

這裏的裝潢設計可能是全建築中最奢華的部分，
廳中裝飾著鐘乳石狀的雕飾，還有在伊斯蘭教建
築中難得一見的人物嵌像。精細而變化多端的線
條裝飾，是人們無窮想像力的發揮。

白的特點（圖 6-32）。印度的泰姬陵，可稱得上全世界最美麗的陵墓了。位於
綠地和藍天之間的陵墓全部用白色大理石建成，顯得端莊、典雅、秀麗。
局部則鑲嵌有各色寶石，顯得五彩繽紛，光彩奪目。

　　受道家崇尚自然思想的影響，中國園林中的花草樹木既可以集中，也
可以散種，而且基本看不到修剪成幾何圖案的花木，顯示出的是一種自然
的山林野趣。伊斯蘭園林和西方園林都是規整有序的，花草樹木佈置成幾
何圖案，甚至連樹冠也被整理成幾何體。就大範圍來說，花草樹木講究品

圖 6-33　西班牙阿罕布拉宮花園的
一角（Albertojorge／攝）

伊斯蘭園林通常分割成四大區，每
個區又分出若干個幾何形小庭園，
每個小庭園的樹木種類相對集中，
且總是處理成幾何圖形。

種多，數量大；但在並列的小庭園中，每個庭園的花木則盡可能選用相同
的品種，以便獲得穩定的構圖效果（圖 6-33）。

　　與中國園林的植物景觀追求人文內涵不同，伊斯蘭園林中的花木追求
的是地毯式的景觀效果。園林中的種植池都採用下沉式，常用黃楊綠籬組
成圖案，後期也喜歡在綠草如茵的花圃裏用雪白的大理石細條鋪成精巧的
圖案，看上去就像一塊塊色彩絢麗的地毯。如印度阿克巴大帝規劃的葡萄
園以及沙日罕國王在阿格拉堡的後宮花園（圖 6-34）都是如此。

圖 6-34　印度阿格拉堡的後宮花園
（Kjohri/ 攝）

爲了追求富有規律的審美效果，這裏
的花園被修理得像地毯圖案一般，與
中國園林追求自然之趣形成鮮明的對
比。

　　綜合起來看，中國園林是寫意的、直觀的，重自然、重情感、重想像、
重聯想，追求「言有盡而意無窮」的韻味；伊斯蘭園林則是寫實的、理性的、
客觀的，重圖形、重人工、重秩序、重規律，追求的是一種協調有序、精
緻嚴整的風格。

　　總而言之，我們對中國園林和西方園林、日本園林以及伊斯蘭園林進
行比較，是爲了找到它們之間的共同性和差異性，從而取長補短，相互借
鑒，使人類共有的園林日益成爲眞正的人間天堂。

# 參考文獻

[1] 陳從周，張竟無。講園林 [M]。長沙：湖南大學出版社，2009。

[2] 陳從周。蘇州園林 [M]。上海：同濟大學出版社，1956。

[3] 陳從周。揚州園林 [M]。上海：上海科學技術出版社，1983。

[4] 陳從周。說園 [M]。濟南：山東畫報出版社，2002。

[5] 陳從周。園林談叢 [M]。上海：上海文化出版社，1985。

[6] 王三山，周耀林。營造之道 [M]。長沙：湖南大學出版社，2009。

[7] 曹林娣。中國園林文化 [M]。北京：中國建築工業出版社，2005。

[8] 曹林娣。中國園林藝術概論 [M]。北京：中國建築工業出版社，2009。

[9] 張家驥。中國園林藝術小百科（第一版）[M]。北京：中國建築工業出版社，2010。

[10] 周武忠。心境的棲園——中國園林文化 [M]。濟南：濟南出版社，2004。

[11] 陳從周，朱熙鈞，吳呂明。中國園林 [M]。廣州：廣州旅遊出版社，2004。

[12] 吳肇釗。中國園林立意‧創作‧表現 [M]。北京：中國建築工業出版社，2005。

[13] 曹林娣，程孟輝。中國園林藝術論 [M]。太原：山西教育出版社，2001。

[14] 劉立平。中國園林藝術大辭典 [M]。太原：山西教育出版社，1997。

[15] 毛培琳，朱志紅。中國園林假山 [M]。北京：中國建築工業出版社，2004。

[16] 佘志超。細說中國園林 [M]。北京：光明日報出版社，2006。

[17] 金學智。中國園林美學 [M]。北京：中國建築工業出版社，2005。

[18] 甘偉林，王澤民。文化使節 [M]。北京：中國建築工業出版社，2000。

[19] 陳從周。中國園林鑒賞辭典 [M]。上海：華東師範大學出版社，2001。

[20] 安懷起。中國園林藝術 [M]。上海：同濟大學出版社，2006。

[21] 任曉紅，任雪芳。禪與中國園林 [M]。北京：商務印書館，1995。

[22] 酈芷若，朱建寧。西方園林 [M]。鄭州：河南科學技術出版社，2011。

[23] 陳奇相。西方園林藝術 [M]。天津：百花文藝出版社，2010。

[24] 朱建寧。西方園林史 [M]。北京：中國林業出版社，2011。

[25] 倪琪。西方園林與環境 [M]。杭州：浙江科學技術出版社，2000。

[26] 許金生。日本園林與中國文化 [M]。上海：上海人民出版社，2011。

[27] 劉庭風。日本園林教程 [M]。天津：天津大學出版社，2005。

[28] 郭風平。中外園林史 [M]。北京：中國建材工業出版社，2005。

[29] 特納。世界園林史 [M]。北京：中國林業出版社，2011。

[30] 李靜。園林概論 [M]。南京：東南大學出版社，2009。

責任編輯　　雪　兒
封面設計　　陳德峰

中華文化基本叢書———o8

書　　名　　**天地一園：中國園林**
著　　者　　杜道明
出　　版　　三聯書店（香港）有限公司
　　　　　　香港北角英皇道 499 號北角工業大廈 20 樓
　　　　　　20/F., North Point Industrial Building,
　　　　　　499 King's Road, North Point, Hong Kong
香港發行　　香港聯合書刊物流有限公司
　　　　　　香港新界大埔汀麗路 36 號 3 字樓
版　　次　　2015 年 1 月香港第一版第一次印刷
規　　格　　16 開（165×230 mm）200 面
國際書號　　ISBN 978-962-04-3505-8